你其实很棒

如何适应变化、
战胜失败、
开启理想生活

[加拿大] 尼尔·帕斯理查◎著

刘　露◎译

江苏凤凰文艺出版社
JIANGSU PHOENIX LITERATURE AND
ART PUBLISHING

CONTENTS

目录

中国有个"塞翁失马"的故事，你一定听过吧？故事是这样说的：

塞翁家的一匹好马走失了。

邻居惋惜地说："太可惜了，真是糟糕。您一定很难过吧？"

塞翁只是回答："还不一定呢。"

几天后，塞翁的马回来了，还带回了二十四野马。塞翁和儿子把二十一匹马都收进了马圈。

邻居向他道贺："恭喜恭喜！真是太好了。您一定很高兴吧？"

塞翁只是回答："还不一定呢。"

没过几天，其中一匹野马踢伤了塞翁的儿子，儿子两条腿都断了。

邻居惋惜地说："太郁闷了，真是糟糕。您一定很难过吧？"

塞翁只是回答："还不一定呢。"

后来，边塞开战，健壮的青年都被征调入伍。战事惨烈，伤亡惨重，但塞翁的儿子由于腿伤留在家中，得以幸免。

邻居向他道贺："恭喜恭喜！真是太好了。您一定很高兴吧？"

塞翁只是回答："还不一定呢……"

你一定想问，这个塞翁是怎么了？

其实，塞翁只是真正具备"韧劲"罢了。他已然磨炼出了自己的韧劲，很有韧性！他稳如泰山，泰然自若，无论发生什么，都会直面挑战，目光如炬，仿佛在说："放马过来。"

塞翁已然明白，无论是令人欣喜若狂的幸事，还是令人痛彻心扉的挫败，都无法决定"我是谁"，只是代表"我的现状"。

塞翁知道，人生中的境遇能使人看清现状，决定未来何去何从。

塞翁知道，每次结束都是新的开始。

每次读到"塞翁失马"的故事，我都会想到5岁小孩生日派对上常有的那种充气小丑。

你知道我说的那种吧？

像这样的：

冲着它的鼻子打一拳！它倒了，又立起来。一个熊抱把它扑倒！它倒了，又立起来。朝着它的脑袋狠狠来一记侧踢！

它倒了，又立起来。

这就是韧劲。

长久以来，我一直在思考我们如何构建自己想要的生活，围绕这一话题写作、演讲，同时不断与自己的心魔搏斗。在此过程中，"韧劲"这一概念很快浮现出来，成为我脑海中醒目的核心概念。

而我，并没有刻意搜寻！

十年前，妻子离我而去，我最好的朋友结束了自己的生命。我将这些悲痛化成了一个简单的习惯：每天登录我的博客网站

"1000 件美妙的事"，写下一件美妙的事情。这个博客变成了我出的第一本书。

《生命中最美好的事都是免费的》，是关于如何感恩。

五年后，我与莱斯利相识、相爱，我们结了婚。蜜月返程的航班上，莱斯利告诉我，她怀孕了。下了飞机，我便开始给未出生的孩子写一封长信，教他如何快乐生活。这封信变成了我出的第二本书。

《快乐是可以练习的》，是关于如何快乐。

现在，"韧劲"成了我脑中浮现的核心概念，而且如此清晰醒目！

为什么？

因为韧劲是我们当下十分缺乏的能力。说实话，你我之中没多少人经历过饥荒、战争，或者真正意义上的物质匮乏。我们什么都有了！副作用就是，我们失去了应对失败的能力，甚至只是可能出现的失败。如今的我们，失败后只会坐在路边痛哭，成了一群"瓷娃娃"。

前阵子，有一次我演讲结束后，一位五十来岁的听众气喘吁吁地跑过来，问了一个常有人问我的问题：

"我儿子高中的时候是橄榄球队队长，后来是杜克大学的优秀毕业生！可昨晚他又哭着给我打电话，因为老板在邮件里骂他了。他这是怎么了？我们这是怎么了？该怎么办呢？"

如今这是怎么了？

如今的我们不能弯，只会折；刮风必倒，磕碰必碎。据《纽约时报》报道，三分之一的青少年患有临床焦虑症。手机接收到的信息使我们觉得自己永远不够优秀。昨日的担忧会变成明日突发的恐慌。抑郁、孤单、自杀的比率如何？全都在上升！

我们应付不来。

如今的我们需要学习塞翁那股强烈的韧劲，而且要赶紧学会。波动、不确定、复杂因素在加速作用。变化呢？那是常态。最近的烦恼是什么？是总有烦恼。同时，感情生活总是如过山车般急转起伏……以及生活总是事与愿违。

我们需要什么？

塞翁的韧劲。

我们想要什么？

塞翁的韧劲。

我们需要接纳所有迎面而来的不确定、挫败和变化，并利用这些反向势头，像弹弓一样把我们弹射出去，不断向前，向前，向前。

《你其实很棒》是关于如何培养韧劲的。

这本书介绍了九个基于实证研究的秘诀，通过个人经历和故事的形式与读者分享，探讨我们如何从抗拒变化到从容应变，从脆弱不堪到耐受摔打，从脸皮薄到脸皮厚，从焦虑不安到卓尔不凡。

生活纤细而脆弱，美丽而珍贵。

而我们的力量，也真的超乎自己的想象。

我们需要的，不过是在迷失时，有人指引我们重回正轨。

这本书里就提供了九个这样的指引。

希望你喜欢。

秘
诀
一

加个省略号

我妈妈1950年出生在肯尼亚内罗毕。

当时，妈妈全家住在市中心外的一个小房子里，她是家中八个孩子里最小的。从小到大，她性格内向、害羞，也一直是家里人照顾的老小。

在妈妈出生的年代，肯尼亚的人口中，黑人占多数，属于肯尼亚本土人；棕色人种占少数，大都是从国外引入的东印度劳工，以推动经济运转；白人是顶端的精英阶层，这些英国殖民者才是真正的掌权者。

妈妈的父亲也是东印度人，20世纪30年代从印度拉合尔（现属巴基斯坦）移民至内罗毕修建铁路。

肯尼亚19世纪末成为英国殖民地，20世纪60年代中期才宣告独立。妈妈出生时，肯尼亚仍是英国殖民地——白人掌权，白人控制政府，白人主管最好的学校。

妈妈不是白人。

她还是个女性

为什么这么说呢？

妈妈出生前，我的祖父母已经生了七个孩子，四女三男。据妈妈和她的姐姐们说，我的祖父母很想再要一个男孩，刚好凑成四男四女。

当时的肯尼亚文化中，男孩可是宝贵财富，家家都想生男孩。

那里世代以来，给予男孩的教育和培训经费总是更多，这意味着男性在经济上更能自给自足。而女性却只能依靠丈夫每周日打开钱包"施舍"一点零钱，才能为全家采购食品和衣物。而且传统而言，女性都会"出嫁"成为夫家人，之后主要照顾的是公婆，而非自己的父母。因此，早在现代养老金出现之前，养儿即是防老，相当于当时文化背景下的养老金。那个年代不会每月发放养老金，但有儿媳给你做咖喱小扁豆，为你沏茶。

更过分的是，当时的文化还为男性提供了更多补偿——可以要求"嫁妆"。嫁妆是什么？我小时候不懂，嫁妆其实是一种陈年的赠礼习俗，新娘的父母向新郎的父母赠予嫁妆，表示"谢谢你们家娶走了我们女儿"。

顺便提一句，嫁妆的确是陈年旧俗。世界上最古老的文本之一、距今近四千年的《汉穆拉比法典》中都有关于嫁妆的记载，即"给新郎家的赠礼"。说是"赠礼"一点不假。嫁妆通常包括珠宝首饰、房产和大叠钞票。结果就是，但凡要嫁女儿的家庭都会背负沉重的经济负担。

所以，我的祖父母生下妈妈这个女儿，就意味着上述所有额外的成本与负担。每每想象当时的场景，我简直难过得心碎：妈妈出生后刚刚睁开娇嫩的双眼，慢慢聚焦于眼前的许多面容时，首先看到的可能是什么？

所有人脸上的失望。

那么，这样的家庭负担、这种遭人嫌弃的感觉，带给妈妈怎样的感受？就是那种根深蒂固的文化规范常常给人的感受——像一块无形而厚重的毯子压在身上，一种看不见、摸不着，却能从骨子里感觉到的压力。

哪家生了男孩，亲友邻里就会说"Badhaee ho！"就是印度语"太好了，太棒了，恭喜"的意思。生了女孩呢？周围人会说"Chalo koi nahi"。什么意思？"继续，挺住。唉——只能咬牙继续过。"

妈妈说，那感觉像是宿命已定，一切都是定局，无力回天。"我的人生像是已经设定好了，"她告诉我，"都有定数了。"性别、文化、传统都指向一条司空见惯的终点线，这就是她所能看到的未来。她的人生像是一场刑罚，已然宣判，注定煎熬。

没有可能性，没有选择……没有省略号。

只有终点。句号。

长大过程中，妈妈看着姐姐们依次"服刑"，一个个从家中被人挑走，嫁给父母选定的男人，为他生儿育女，煮饭持家，还要照顾丈夫和公婆。面对这场以句号告终的"无期徒刑"，妈妈需要自己选择：能否超越那个句号？

你呢？

你是否也曾感到无路可走？

你是否也曾感到别无选择？

你是否也曾感觉，一眼就能看到人生结尾的那个句号？

我们都有过这种感觉。

有时候我们会觉得，自己的人生就是宿命和定局，一眼就能望到头。也许是因为身处男性主导的文化背景，成长过程中看不到任何选择；也许是因为要照顾生病的家人，永远要把自己的诉求放在最后；也许是因为上了二十年学，欠了一屁股债，职业生涯还陷入僵局；也许是因为亲人所在的国家总对你拒签；也许是因为公司不提拔你；也许是因为他们就是不放过你。

当你能看到眼前这条路的未来，却不喜欢这方向和结局，该怎么办？

此时，心态至关重要。不该放弃，也不该扭头逃跑。因为你我都知道，生活没那么简单。毕业演讲里的建议不是每回都有用。跟着感觉走！做自己喜欢的事！

"感觉告诉我，跟它走吧。结果它把我甩了。"

"我想做自己喜欢的事，但还要糊口，还有职责，还要顾虑其他人。"

有时候最难的，其实只是决定继续走下去。

有时候最难的，其实只是决定继续呼吸，继续前进，继续履行职责，继续照常运转。

句号意味着向人生境遇妥协，面对看起来无法改变的事、不可能的事、太过痛苦的事，缴械投降。

句号意味着屈服。

我们应当坚守心底那股安静的勇气，敢于改变句末的标点符号。我们应当坚信：韧劲就是意识到超越句号而存在的自由意志。

应当坚持超越句号的渴望。

超越句号。

然后，加个省略号。

1
沿用至今的 400 岁发明

语法里那串小点的学名是省略号。

安妮·托纳（Anne Toner）博士是剑桥大学的学者，多年来一直研究省略号的历史。好消息是，她的研究有成果了！我们如今熟知的这串小点首次出现，是在古罗马剧作家泰伦提乌斯（Terence）的剧作《安德罗斯女子》（*Andria*）1588 年的英文译本中。

我们先来审视一下这些来自四百多年前已经有些模糊的字迹，以及人类历史上首次出现的省略号。各位历史学究和冷知识迷，翻到下一页看看这些琥珀化石般的奇迹吧……

感觉不怎么起眼？你来试试，发明一种新标点，四百年后全世界都还在用。不容易啊。好在有人帮忙推广省略号。省略号发明后，剧作家本·琼森（Ben Jonson）很快在自己的剧本中使用，而后戏剧老手莎士比亚也开始用。这在中世纪就相当于奥普拉（Oprah Winfrey）[1]推特转发的效果了。之后，省略号继续流传，出现在伍尔夫和康拉德的作品中。如今，连流行巨星阿黛尔都在打趣自己新专辑的电视广告中使用了这一串小点。

不开玩笑，托纳博士还有一整本著作专门研究省略号，书名是《英语文学中的省略号：省略的标记》（*Ellipsis in English Literature: Signs of Omission*）。书中，她称省略号为"一项绝妙的发明。省略号出现之前，没有哪个剧本会以这种方式标注未完

---

① 奥普拉·温弗瑞，美国电视脱口秀主持人，当今最具影响力的女性之一。

结的语句"。

未完结的语句？

"未完结的语句"，有什么含义？

答案是，一切。

你所做的一切，你所走的每一条路，每一个诊断结果，每一个障碍，每一次挫折，每一次失败，每一次遭人拒绝，所有这些经历，构成了你人生剧本中未完结的语句。

有时候，最好的办法，就是学会加上省略号……然后继续走下去。

2
超越句号，会怎样？

再回到肯尼亚。

妈妈成长过程中面临巨大的政治、文化和家庭压力。对此，她没有抱怨，而是选择少说多做。她给人生添加省略号的方式是找到继续前进的途径。她并没有剃了头发、在铁轨旁抽烟，这不是她的选择。当她的三个哥哥不断获得家中大部分的赞扬、关注和教育资金时，她选择和姐姐一道扫地、做饭、洗衣服。

为了锻炼头脑，妈妈会坐在家门口，试着记住来往车辆的车牌号。她渴望脑力练习，因此找了这样一个安全的方式，能悄悄练习。

为什么记车牌号呢？"没有别的东西可以记，"妈妈后来向我解释，"这是我给自己的游戏，就想看看自己记不记得住。"远远看到一辆熟悉的车，她会回忆之前记住的车牌，猜对了就在心里默默给自己鼓励。晚上在嘈杂的厨房角落，她会在昏暗的灯光和不解的目光下学数学。她的姐姐们没有一个会这么认真地做功课。做个咖喱小扁豆、煮个茶而已，哪用得上那么多功课？

妈妈的七个哥哥姐姐都已长大离家，因此她的大部分课业都靠自学完成。妈妈的父母没时间给她讲睡前故事，或者熬夜帮她赶制学校科学展要用的火山模型，哪有那个闲工夫。妈妈有的，只是课本、纸张和铅笔，她能做的就是自力更生，边洗碗边背书吧。

1963 年，妈妈所有的努力终于厚积薄发，她参加了面向全国所有 13 岁孩子的国家统考。

结果呢？她拿了最高分。

全国最高分！

忽然间，一份丰厚的奖学金从天而降，她从家中被带走，来到乡村一所英国私立住宿学校，和英国殖民者的白人孩子一起上学。她是家中八个孩子里最小的，也是头一个离家去上寄宿学校的，更别说还有奖学金。

成长过程中，她一直给自己的人生添加省略号：自创记忆车牌的游戏；完成额外的功课，抓紧做饭和打扫之余的一切时间。

结果呢？

她超越了句号。她的人生故事得以继续……

然而之后总会有更多句号。

总有。

"我简直不敢相信,"妈妈告诉我,"那所学校简直是人间天堂。校园那么漂亮。我当时知道有专门给白人开的学校,就是给殖民者后代上的学校。可真上了这样的学校,就发现大家都太有钱了,开的都是好车,还有司机。我简直不知所措,吓坏了。从没想过自己还能上这样的学校,觉得自己比不上其他学生,只想回家。"

有多少次是刚刚超越了句号,就想回家了?

"从没想过自己还能上这样的学校,觉得自己比不上其他学生。"

你是否有过这种感觉?我就时常会有。总算晋升了?那可就要面对新工作、新老板、新的行事方式以及想要逃之夭夭的感觉。生病的家人开始康复?那可就要面对以前一直觉得没时间经营的未来了。签证通过了?很好!那可就要离开自己成长的环境和渐渐老去的父母,在新环境重新开始,对此你的真实感受如何?

超越了一个句号后,就要开始新一轮奋斗。你可能期盼就此打住,压根不要再次开始,在这个新句子结尾画上一个大大的句号,那就无须继续前行、奋斗、工作、努力。然而,那就又回到了句号状态。

不妨加个省略号，保留选择权？

缓慢向前、实现目标的过程中，自有力量。

创造机会、续写人生的过程中，自有力量。

3
"我不会跳华尔兹……暂时不会"

接下来的几年，妈妈生活中常做的事包括念诵《主祷文》①、背诵莎士比亚戏剧，以及在学校食堂角落吃溏心蛋。离开家人和亲友、用功读书几年后，她在17岁那年毕业，感觉生活开始步入正轨，感觉自己似乎实现了梦想，一切似乎都在慢慢好转。

然后来了个电话，是妈妈的父亲。

他让妈妈立刻回家。

"我快不行了，"他说，"你就努力做个有用的人吧。"

几天后，他去世了。当时，东非的暴乱与政治动荡愈演愈烈，而肯尼亚人也日益担心动乱会蔓延至自己的国家。

妈妈幼年时给自己的人生加上了省略号，而少年时又面临新的考验：父亲忽然病危，祖国不再安全，当时文化背景下的压力落在了我祖母身上——努力凑齐嫁妆，把女儿嫁出去。

---

① 《主祷文》（*The Lord's Prayer*），基督教礼拜仪式中通用的祷词，是基督教最广为人知的祷词，亦为信徒最熟悉的经文。

"你靠自己的努力上了学，这很好……可现在，真得把你嫁出去了。"

最终，妈妈和她母亲逃到了英国，同住在伦敦；同时，妈妈的兄长们和姐姐们散落各地，先后步入婚姻。之后，我爸爸从加拿大来到伦敦过暑假，两家人介绍他们认识，只约会了一次（一次！），没过几周（几周！）就在家人的安排下结婚了。然后呢？爸爸带妈妈回到了他在加拿大的家，在一个尘土飞扬的小郊区，离多伦多东部车程约一小时。

忽然间，似乎又是一个句号。

妈妈忽然移民海外，空降到那个尘土飞扬的小郊区，周围没有印度裔居民，就这么和一个算上婚礼只见过两面的男人结了婚，而她的父母、哥哥姐姐、朋友都远隔重洋。

我简直无法想象那情形有多可怕。

又是一大挑战，又是一次别离，又是一道折痕，又是那种画上句号的完结感。

然而，妈妈继续行动，继续向前，继续给自己的人生添加省略号。

来加拿大之前，妈妈很少吃肉。爸爸是老师，会带妈妈参加课余的烧烤活动，以及扶轮社（Rotary Club）①的烤牛肉晚宴，

---

① "扶轮国际（Rotary International）"是由商人和职业人士组织的全球慈善团体，在世界各地有3万个扶轮社分支机构。

同席的还有几十个白人。那时，印度菜并不常见，所以这些活动提供的餐食基本就是肉菜。而且那可是 20 世纪 70 年代的郊区，素食者能吃的也就凯撒沙拉了，还要拣出里面的培根碎肉，然后饿着肚子回家。妈妈是怎么做的？她学着适应，融入群体。

来加拿大之前，妈妈从没在舞厅跳过舞，连听都没听说过。但爸爸喜欢去罗蕾莱俱乐部（Club Loreley）——加拿大当地一家德国俱乐部，带妈妈跳华尔兹。所以妈妈就随着爸爸跳舞。我记得小时候听妈妈讲到这里，忍不住打断她的话。

"可你根本不跳华尔兹啊！"我插嘴道。

妈妈说："你爸爸喜欢的事儿，我原先基本上都不做呢。可我要怎么办呢？一个人待在家吗？我就告诉自己，我不会跳华尔兹……暂时不会。"

我问妈妈，面对那么多急转弯，她如何应对那么多新变化：新国度、新丈夫、新工作、新朋友、新饮食、新消遣。她似乎总在前进，可她是如何做到如此迅速地改变呢？

是生活所迫吗？

妈妈告诉我，她不过是保持了开放的心态。在句末加上省略号，自然接纳生活中的事物，如此就不会感到别无选择，而是充满力量地迎接生活，勇往直前。

4
保有无限选择

麻省理工学院的一项研究证实了添加省略号的价值。

丹·艾瑞里（Dan Ariely）和申智雄（Jiwoong Shin）的研究表明，仅仅是未来失去某个选择的可能性便能使这一选择更具吸引力，以至于受试者愿意花钱来保住这一选择。正如两位学者在研究报告中所言："失去选择的威胁令人更珍惜选择。"

这说明什么？

说明尽管难以承认，难以意识到，更难以做到，但我们潜意识里的确渴望加上那个省略号。

人生是一场旅行，出发时有无限可能——可以成为任何一种人，做任何事情，去任何地方，而到达时却成了毫无可能，唯有撒手人寰。因此，我认为真正重要的，是尽量保有更多选择。

我们要向塞翁学习，在人生的赛道上，无论顺利起飞，还是栽进沟渠，都要说一句"还不一定呢"。

要记得不断磨炼自己坚持前行的韧劲，永远给人生加上省略号。

5
这个词能创造奇迹

加个省略号。

听着挺上口。

但怎么加呢？究竟怎么做？跌倒时，情绪低落时，看着希望的光芒一点点黯淡时，该怎么办呢？有没有什么方法，帮我们实践这一理论？

其实，只需要一个词。

小时候，我总听妈妈用到这个词。

那就是"暂时"。

这个词很神奇，可以加在所有"我不会""我不是"或者"我不做"之类的句式中。

等等，谁天天这么说啊？谁会这么悲观啊？其实，我们都会这么说。是真的！我们会给自己定论，给自己宣判！

方案被否定了？

"我没有创意。"

被踢出运动队了？

"我不擅长体育。"

验血结果不佳？

"我没照顾好自己。"

而且不只是在受挫的时候。

这些负面想法在日常生活中更加隐蔽而猖獗，比如我们走路时，画数字油画时，"跳房子"时。

既然不爱为什么要结婚？

"我没机会认识新朋友。"

照顾自己爱的人，就意味着把自己的诉求放在最后吗？

"我没别的选择。"

既然不想，为什么还去念法学院？

"别的我都做不好。"

我们会这么说。而每次这么说，都等于是给原本可能续写的句子画上句号。

我想用妈妈的故事说明，以她当时面临的情形，索性停下、放弃所有可能性，显然容易得多。更难的是努力争取更多选择，在自我宣判中加上"暂时"二字。

这个神奇的词语怎么用？

"我没机会认识人……暂时没有。"

"我没别的选择……暂时没有。"

"别的我都做不好……暂时如此。"

"我不会跳华尔兹……暂时不会。"

当我们鼓起勇气在关于自己的论断中加一个"暂时",便开启了诸多选择。这个词很有力量,能在我们脑中如此坚定的负面想法中,塞进一个小小的问号,使我们同时拥有两种想法:一种是我们做不到;还有另一种,我们能做到。

"暂时"能帮我们留住选择。

"暂时"等于"未完待续……"

成长过程中,妈妈从不允许自己的故事就此完结。

此后多年,她也不断面临各种挑战:突如其来的精神疾病,最亲的姐姐忽然离世,等等。许多这样的时刻,她本可以选择放弃,直接画上句号。然而,她却总选择加上省略号。

这就是受挫时培养韧劲的第一步。

韧劲,就是在听到门关闭的一刹那,看见门缝里透出的一束光。

舞会邀约被拒绝?

"我没有舞伴……暂时没有。"

升职加薪没有自己的份?

"我没当上经理……暂时没有。"

胆固醇高得离谱？

我没锻炼……暂时没有。

二十多岁时，妈妈踏上了全新的大洲，那时的她没有画上句号。

"这地方没有家的感觉……暂时没有。"

面对父母为她包办的婚姻，她没有画上句号。

"我不了解这个男人……暂时不了解。"

在寄宿学校，她要用一种新语言祷告，面对这样的新生活，她没有画上句号。

"我在学校里没自信……暂时没有。"

家里人都想再生一个男孩，生下她却是个女孩，后来的她没有画上句号。

"我不知道以后该怎么办……暂时不知道。"

挫折没能打垮她的精神。

她只专注于那道希望之光。

当你受挫时，也不要画上句号。

加个省略号……

·加个省略号

秘诀二

移开聚光灯

你的第一份全职工作是什么？

我做过很多兼职。

送报纸，扫落叶，看小孩，在亲戚家的药店当柜员，这些活儿我都干得好极了。我能熟练地把一捆捆报纸投掷到各户门口，把耙好的落叶堆成一堆，还能带着小孩在街边玩耍，顺便骗到他们所有的奶酪棒。

但我的第一份全职工作是什么呢？

我的第一份工作是封面女郎（Cover girl）和蜜丝佛陀（Max Factor）①的助理品牌经理，在日用消费品巨头宝洁公司（Procter & Gamble）工作。

也就是大家都熟知的宝洁（P&G）。

那是我大学毕业后第一份工作。

我干得一塌糊涂。

———————————

① 封面女郎和蜜丝佛陀均为美国著名彩妆品牌。

第一天，我坐了一趟公车，转了两次地铁去上班。那年我22岁，从地铁站走出来时，看见宝洁公司华丽的白色大楼矗立天际，泰然高耸于长长山丘的顶部，俯瞰川流不息的公路和地面。

那时，我只是个初出茅庐的毕业生，害怕、激动，又紧张，不过也有点小骄傲。和我一同申请宝洁的还有数千名应聘者，我们参加了宝洁的数学和英文测试，经历了大大小小的线上申请流程，参加群面晚宴，通过了第一轮小组面试，还经历了一回《美国偶像》（*American Idol*）①里那种都市之旅。倒是没出现我一边系格子头巾、一边和妈妈对着镜子里的自己喜极而泣的场景，不过宝洁给我们买的是火车头等舱，好酒好饭伺候，然后安排我们在一排考官面前参加拷问般的面试。

我到底为何骄傲呢？

因为接到录用通知的时候，宝洁告诉我："我们去了十几所高校，组织了无数面试，挑选了一群候选人来到总部，而最终我们录用了……你。你是我们今年录用的唯一一位没在宝洁做过暑期实习的全日制毕业生。"

为什么是我呢？我有点儿困惑。我挺普通的。上学的时候

————————

① 《美国偶像》是一个美国大众歌手选秀比赛节目。

很多同学比我优秀多了，拿过优等生或者优秀毕业生荣誉。我没那么出色，成绩从不出类拔萃，基本是班里偷懒的那个。

然而宝洁的看法不同。"我们要找的是全能型人才，不只是智商高。我们的招聘流程非常细致，能剔除所有不适合的人选，嗯，几乎所有吧。"

我快速计算了一下，发现光是招我进来，宝洁就已经花了十几万美元了。我之前也看过学校公布的数据，了解像我这样的毕业生入职宝洁的工资。营销系毕业生的工资大概是 2.4 万至 5.1 万美元。

而我的起薪是 5.1 万美元，也就是说我是我们这一届薪资最高的营销毕业生！我拿到了最高级别的工资。

这还不包括签约奖金，四周年假，还有多到用不完的福利。

福利？怎样的福利？

好到离谱的福利。

两位身着白色工作服的人体工程学家专程来到我的工位，确保暖气和冷气风口方向适宜，桌子和键盘位置合理，而我那双廉价正装鞋下面踩着的脚踏板，要确保其倾斜角度符合人体工程学要求。工位的电话上有个按钮，能帮我转接到宝洁在哥斯达黎加的一个部门，以便随时调节工位温度。牙套？心理咨询服务？鞋垫？应有尽有！甚至还有每年几百美元的经费，供我享受按摩服务，有三位全职按摩师就在我们办公楼里上班，提供全天候服务。"来吧，"按摩师表示，"让我们抓紧您会议间隙的一切时间，帮您把背上的结节都按开。"

上班第一天，我走进宝洁大楼，感觉自己就像幸运儿查理·毕奇（Charlie Bucket）[1]，手握通往巧克力工厂的金券。

我在大堂见到了上司史黛西。她迟到了半小时，一边向我道歉，一边带我搭电梯前往我的新工位。走出电梯，我们来到了一个迷宫似的办公区，里面是一个个小隔间工位，感觉像是科学实验里那种出口处放一块奶酪、引诱小白鼠通关的迷宫。身边的职员衬衫挺括，眉头紧锁，从复印机里拿出一沓文件，从我身边真的是小跑而过。办公室四周都是玻璃墙，完美呈现出窗外明信片似的风景：郁郁葱葱的山谷，市中心高耸入云的摩天大楼，以及远处波光粼粼的湛蓝湖面。

我来到自己的工位，办公桌上有一台锁在扩展坞上的笔记本电脑。史黛西注意到我盯着锁看。"别担心，"她说，"这是为了把电脑锁在桌上，不是锁在你脚上。咱们这一行有好多间谍和猎头，竞争对手连我们的垃圾邮件都会看。宝洁的保密工作很严格。"

---

① 查理·毕奇是英国小说《查理和巧克力工厂》（*Charlie and the Chocolate Factory*）中的人物。小说讲述了小查理在全世界最大的巧克力工厂里的奇遇。

她递给我一盒名片，上面只有我的名字、公司名称和总机电话，进一步印证了她刚才的话。

没有头衔，没有邮箱地址，没有个人分机号码，通通都没有。

感觉自己像个杀手。

"名片上不印头衔和联络信息，是因为猎头会追踪我们的组织架构。如果名片上有你的直接联络方式，那你每天都会接到猎头电话。大家都知道只要在宝洁工作过，以后想去任何一家公司做营销都不成问题。宝洁的前台都是培训过的，能筛掉猎头和竞争对手的电话，这样你就能安心工作，免受打扰了。"

之前听过"宝洁人（Proctoid）"的戏称，现在我开始懂了。我跟朋友说起自己在宝洁工作，发现他们眼中的宝洁员工是一群光鲜亮丽、超级能干的机器人，明眸皓齿，会谈时总是彬彬有礼，自律锻炼，饮食健康，讲话和行文方式都整齐划一，连衣着都是一样的风格。

这就是"宝洁人"。

上班第一天接下来的活动是"与总裁共进早餐"。宝洁总裁与我们同坐一桌，除了我，还有暑期实习后转正的新员工。大家轮流自我介绍，我这才意识到，我是唯一一个完全意义上的新人。

轮到总裁讲话。他不到 50 岁，一头浓密的黑色卷发，优雅帅气。

"大家会发现，在座各位都是顶尖商学院的应届毕业生。"总裁说，"宝洁只录用你们这样的人才。我们采用的是百分之百内部晋升制，所以不会聘用有两年、五年或者十年工作经验的人，只聘用没有工作经验的新人。"

"希望大家在宝洁工作出色。确切地说，我们需要你们出色。如果你们干不好，宝洁的晋升体系就会出现空缺。我们的晋升方式是这样的：两三年后，你们当中有一半人会晋升到高一级的职位；之后，再有一半晋升到更高级别；其中再有一半再升一级，以此类推。二十年前，我也是从你们现在这个位置做起的。"

总裁很有魅力，瞬间成了大家的榜样。

显然，当时的我们年轻、有活力、有潜力。

显然，我们真像是小查理拿到了巧克力工厂的入场券。

而当时我不知道的是，后来的我摔得有多惨。

参加完所有的介绍会议，完成邮件写作工坊课程后，我总算开始面对工作本身。

名片上没写，但我的头衔是封面女郎及蜜丝佛陀助理品牌经理，负责整个蜜丝佛陀品牌（规模较小）和封面女郎品牌庞大的眼妆及唇妆系列。

眼、唇！

听着像小镇菜场里的三流屠夫。

助理品牌经理是干什么的呢？相当于品牌负责人，决定广告投放的媒介、金额，决定每件产品的成本，何时发布新品，以及何时撤换。

具体如何操作？

从一大堆资料里调取数据，再把这些庞大的数据录入表格，然后制作出各种表格和图表，从中提炼要点，形成宝洁内部一种出了名的文件——建议摘要。

假设我的建议是不再投放平面广告，改投线上广告，那我需要花两周时间，找出所有平面及线上广告的历史销售数据，通过数据统计结果证明，线上广告每投 1 美元，销售额就会增长 3 美元；而平面广告每投 1 美元，销售额只会增长 2 美元。然后，要把这些发现和结论浓缩成建议摘要，再花两周时间在大小会议上展示，直到大老板签字许可。

为了做完这些事情，我得工作到十点。而且确实需要侦查，跟杀手一样。我和一位名叫本的同事来到隔壁的药店①，偷偷记

---

① 西方国家的药店常常兼卖化妆品。

录货架上所有商品的价格，回来后一一录入表格。

"国内每家零售店都得这么统计一次。"本告诉我。

"那得多久才能弄完啊？"

"大概两周吧，"他回答，"前提是每晚都去。有时候可能需要开车去很远的店，或者给很多不同城市的人打电话。还得从这个老古董系统里调出每个产品所有的成本和历史成本数据，真的很头大，有时候数据还不全。"

之前我一直以为营销最常用的是幻灯片软件：

用来呈现图表、图片和想法。

然而，营销最常用的其实是表格：

用来收集数据、写公式、处理数据。

入职没多久，我就因为成天盯着屏幕而头晕眼花。调取数据的工作总也做不好，也找不出几百列的表格里哪里出了错。同时，邮件堆积的速度是我回复速度的三倍，使我陷入了持续焦虑与无助。

脑中的负面想法愈演愈烈，都是关于自己的。每句话的开头都是"我太烂了""我没能力"，或者"我做不到"。人在受挫时，不知不觉就会开始自我否定。

不久，情况越发糟糕。

上司的上司托尼和我一起开会，顺便问了我一些问题，关于即将推出的封面女郎持久型唇膏，我回答得很含糊。

会后，我被史黛西训了一通。

"所有数据你都应该对答如流！"她提醒道。

"可这个系列有 1500 多个产品呢，我又不知道他会问哪个。要记的东西太多了。"

她生气地瞪了我一眼。我开始整晚加班，周末也加班。我觉得问题出在自己身上，显然是因为我工作不够努力。加班就像是在泳池里手脚并用，挣扎着想游快一点。

周末到公司加班时，我惊讶地发现办公楼停车场里停满了跑车，而我们还得在楼上啃数据表格，好决定选用哪种媒介投放香体剂广告，要不要下架单层卫生纸、改成三层的。

我觉得问题在于时间不够用。

我觉得问题在于我自己。

如果你有过类似的体验，就会了解那种内心深处的感受，每天上班都觉得自己真的做不好这份工作。而这种感觉恰恰是我们常常忽略的，面对那些无法完成自己分内工作的人，我们往往忽略了一个事实——他们也不想这样。

没人每天一睁眼就盼着自己搞砸工作。

做不好，而且自己知道，这种感觉糟透了。

知道自己是新人，还在学习，不是这种感觉。认为自己受到的待遇不公，或者这个体制就是和人过不去，也不是这种感觉。

我说的这种感觉，是周一早上去上班，感觉自己像个废物。感觉自己需要完成的工作也正是自己拼命想要做好、不惜一切代价也要做好的工作，却永远做不好。

我们给自己打鸡血，满脑子都是鸡汤励志语，鼓励自己"干就完了！"或者"跟着感觉走！"结果就是，当我们做不到或者意识到有些事情自己做不好时，便感觉进退两难。想放弃，那不行（"干就完了！永不放弃！"）；咬牙坚持吧，也不行（"跟着感觉走！做自己喜欢的事！"）。

这么看来，整个励志产业简直有毒，许多建议都相互矛盾。当我们感觉身陷困境，如碳冻韩·索罗①般僵硬时，这种矛盾的建议实在无济于事。

碳冻韩·索罗什么样？手臂僵直，嘴巴张开，表情痛苦。

完全动弹不得。

我睡觉时开始磨牙，睡不安稳，醒来后恐惧不安。

我的脑海中开始上演一部剧目，名叫《格子间职员之死》。

---

① "碳冻韩·索罗"是电影《星际大战》中的经典情节，主人公韩·索罗为了实验碳冻技术，身先士卒，将自己冻结在一块碳石中。

我是主角，站在舞台中央，随着红绒大幕缓缓拉开，两眼空洞地盯着台下观众。

然后，一束聚光灯打在我身上。

照亮我的眼睛，我的脸，我的失败。

1
谁败得最惨？该怎么办？

马拉维姆祖祖大学（Mzuzu University）心理学研究员马里森·姆韦尔（Marisen Mwale）研究了低成就与高成就青少年失败的原因。

这项研究与许多优质研究一样，证实了很多人已有的猜测——人人都会失败，这一点我们知道。但是高成就者失败时会怎样？你猜对了，这些人摔得更惨，比低成就者惨得多。

"都是因为我，"高成就者会这么想，"我失败了，尽管我真的很努力，但还是不够优秀。"或者认为"失败是因为我自身的问题"。

低成就者呢？他们会更多将失败归咎于运气不好，或者任务太难。的确，低成就者可能更爱抱怨，但当失败的原因在于体制阻碍等客观条件时，他们也更能客观地意识到这一点，能够承认自己无法控制的因素可能影响了结果。

越是事关重大、标准不断提升、竞争愈发激烈，我们越有可能变成这些喜欢自责的高成就者。或许你一直都是这样的人？我反正是。

那该如何缓解这种情况？

有一个办法：多跟别人聊聊，分享自己的失败经历，寻求帮助，卸下身上的完美光环。

为什么呢？这么做有什么用？

哈佛商学院的凯伦·黄（Karen Huang）、艾莉森·伍德·布鲁克斯（Alison Wood Brooks）、瑞安·布尔（Ryan W. Buell）、布莱恩·霍尔（Brian Hall）和劳拉·黄（Laura Huang）发表了一篇名为《缓解恶意嫉妒：成功人士为何应当显露失败》（*Mitigating Malicious Envy: Why Successful Individuals Should Reveal Their Failures*）的研究报告。研究发现，与他人讨论自己的败绩能使成功人士卸下光环、走下神坛。显而易见！

如果我说"天哪，我搞砸了"，那给人感觉就像个普通人，真实，容易引发共鸣。然后呢？人与人惺惺相惜，便能拉近关系。此外，还有一点很有意思：这样能够提升他人的"良性嫉妒"。

何谓良性嫉妒？

良性嫉妒是一种善意的嫉妒，与恶意嫉妒相反。良性嫉妒能激发动力，促使人以嫉妒的对象为榜样。良性嫉妒的正能量还会"传染"，激励人提升自我。

所以，如果你遭遇失败、想要掩盖败绩，要记得这样做其实毫无益处。索性分享自己的失败经历，大方承认，敞开心扉，如此便能激发对方的同理心，促进成长。

2
感觉自己有问题？其实并没有

我在宝洁的时候到底怎么了？

那段每况愈下的时期，究竟哪里出了问题？

问题就在于，我一直告诉自己，都是我的问题。

我把自己的表现、业绩和收到的反馈都投射到我脑中的大屏幕上，加上大大的负面字幕："我工作做得烂透了""我令老板失望了""我让公司亏钱了"。

还记得上一节提到关于高成就者的研究吗？

我把一切问题都归咎于自己，对自己说，都是我的错。

问题在于，人真的会相信这种自我中伤的论断。

人的思维如此敏锐，甚至能击垮自我。

为了说明这种想法有多危险，一起来看看阿努克·凯泽（Anouk Keizer）带领荷兰乌得勒支大学（Utrecht University）的研究团队于 2013 年开展的一项研究，名为"身材太胖，进不了门"。

研究人员请厌食者和非厌食者这两组受试女性从走廊进门，与此同时给受试者布置一个分散注意力的小任务，使她们当时无暇去想到自己身材方面的问题。

结果呢？

厌食者这一组中，侧身进门的人远多于另一组。也就是说，即便这些受试者有足够的空间进门，却仍然认为自己太胖了、进不去。

举这个例子，是想说你有厌食症吗？是说你饮食功能失调？还是说你有心理问题？都不是。那到底想说明什么？

想要说明的是，你所设定的自我形象，可能反映在你的外在行为之中，而这种行为在他人看来可能十分荒谬，毫无道理。

尤其是如果你也和我一样，喜欢苛责自己。

此刻，有没有那么一扇门，是你想要侧身通过的，然而，你知道吗？

你完全能轻松通过。

可能问题并不出在你身上。

当今社会的环境如何？

这样的环境，是否容易使人难以抽离挑战？是否容易使人自责？

是的，绝对是。

我们如今的世界，弦绷得很紧。经济发展如同热收缩膜一般不断收紧，旨在使一切变得更合适、更幸福、更高产。所以有时候，人身上堆积的压力太大了。

这么说吧，当时宝洁没有一个人对我说"会有个适应过程，尼尔"，或者"前六个月感觉自己什么都不懂，这很正常"，或者"咱们先清理一下你脑中的负能量，再来面对工作"。

没人能过得如此轻松，轻松不起！当今世界已没有轻松的工夫。没工夫耐心指导，慢慢培训，允许新人犯错，再吸取教训。如今的节奏太快了，快到每次接过接力棒的新人都得是入职第一天便训练有素的明星选手！

但我不是说宝洁的上司冷酷无情，当然不是。我想说的是，上司期待很高，需要我协助实现，而且要快！他们身上的弦也绷得很紧。

无怪人在受挫时很难意识到自己其实没有问题，完全没有问题。可能问题并不出在你身上，真的不是你的问题。为何难以意识到呢？因为没人告诉我们这一点！网络资讯没这么说，周遭环境没这么说，公司上司也没这么说。所以我们总觉得是自己的问题，失败时就把刀尖对准自己扎下去，还要扭几扭。

我们怎会如此对待自己？

《心理学公报》（*Psychological Bulletin*）2016 年发表的一

篇研究报告宣告"完美主义与日俱增"。这份研究中，巴斯大学（University of Bath）的托马斯·柯伦（Thomas Curran）和约克圣约翰大学（York St John University）的安德鲁·希尔（Andrew P. Hill）指出："近几代年轻人认为，他人对年轻人更苛求，对其他群体更苛求，对自己也更苛求。"

我们如此想要完美。

正因此，失败使人感觉愈发痛苦。

3
别夸大，别放大，别夸张

入职宝洁没几个月，我就被纳入了"业绩提升计划"（Performance Improvement Plan）。计划条目很复杂，说白了意思就是"公司想炒你鱿鱼，但还没有足够的书面证据，所以咱们就一起攒吧！"

对于纳入提升计划这件事，我应对得很糟糕，愤愤不平，桀骜不驯。我做了一些令自己后悔的事，比如说上司的坏话，邮件措辞傲慢无礼，跟同事线上聊天时大谈辞职的情景。

"把文件柜都给掀了，"朋友乔伊如是建议，"把绿植丢窗外去。"

现在我意识到，当时的愤怒源于我对自己深深的失望。

那才是情绪的根源所在。

我觉得自己糟透了，我不喜欢那种感觉，所以就开始发泄，把气撒在别人身上。而这种行为使我加速滑坡，每况愈下，因为这下我不光工作干得糟糕，还成了难以相处的"刺头"。

要知道，有时候那个"又凶、能力又差"的同事起初只是能力差而已……可那时候没人帮他。

离开宝洁多年后，一次，我参加另一家公司的董事会议。一群高管开会研究一位低级别经理的业绩为何月月不佳。拷问结束后，那位业绩不佳的经理强忍着泪水离开了会议室。这时，坐在角落的CEO说了一句话，我这辈子都忘不了。他轻轻摇了摇头，但不是针对那位经理，而是对他手下的这群高管，他们刚对那位可怜的经理一通狂轰滥炸。会议室里很安静，CEO只说了几句颇有深意的话。

他说："工作没做好，这一点用不着别人告诉他。他需要知道的是，如何把工作做好。"

这就是症结所在。

回到我的宝洁生涯。情况每况愈下。我用公司福利配了个护齿牙套，因为每天情绪紧张，导致我睡觉时开始磨牙。我继续晚上加班、周末加班，希冀着忽然有一刻我会福至心灵，瞬间成为数据高手，及时回复所有邮件。上司会发来这种邮件，主题是"尼尔，紧急任务，请在五分钟内回复"，而我需要花上三天时间才能完成任务、回复邮件，然后眼睁睁看着上司在业绩提升计划里记录我的表现：

"五分钟的任务，需要三天完成。"

我已经弄不清楚自己到底有多差了，开始通过自己感受到的痛苦推断自己的差劲程度。我觉得同事、领导和全公司上下都满怀失望、眼泪汪汪地看着我，看着我昂贵华丽的职业生涯坠落悬崖，爆炸燃尽。

我告诉自己，如果大家都知道我这份工作做得不好，那我以后也别想做营销这一行了。我以后应聘的公司只要给我在宝洁的上司打电话，就会了解我干得有多烂。我还告诉自己，营销是我上学时学得最好的一门课，既然我连这一行都干不好，那别的领域肯定也玩不转。我告诉自己，办公室白领的工作我是做不好了，要是不做白领，就找不到对象，因为很多受过高等教育的年轻人都会选择白领工作。

我再也找不到合适的单位了。没有像我这样的人，哪儿都没有。句号。

我想象自己 55 岁的时候，梳着油腻的背头，在克利夫兰的展销会推销翻新的录像机，在酒店吧台拼命搭讪蹩脚的销售同行，然而不果，只能可怜巴巴地回房间，周围都是餐盘和吃剩的冷薯条、三明治，面前的旧电视正在重播《家有阿福》（Alf）[①]。

---

① 《家有阿福》是美国 1986 年制作的电视剧，1986 至 1990 年播映。

身处逆境时，人往往容易放大问题，会夸张，会小题大做；会觉得门太窄，自己过不去；会觉得人人都注意到了我们的无能、笨拙；会认为这噩梦般的处境只会越来越糟！

然而，如果我们想错了呢？

4
聚光灯效应

2000年，一个奇特的术语通过《心理科学最新指南》（*Current Directions in Psychological Science*）期刊首次出现在心理学界。心理学家托马斯·吉洛维奇（Thomas Gilovich）和肯尼斯·萨维斯基（Kenneth Savitsky）提出了"聚光灯效应"。

何谓聚光灯效应？

这是指人的一种感觉，觉得有人在注意我们，看着我们，观察我们，重要的是，评判我们，但其实根本没人如此留意我们。产生这种感觉是因为我们总以自我为世界中心，因此认为自己也是别人世界的中心。

吉洛维奇是康奈尔大学的教授，他与伊利诺伊大学厄巴纳－香槟分校（University of Illinois at Urbana-Champaign）的贾斯廷·克鲁格（Justin Kruger）以及西北大学教授维多利亚·梅德维克（Victoria Medvec）一同深入研究聚光灯效应。他们找来一群康奈尔大学的学生，请他们估算自己在他人眼中以下三方面的能力和情况：外貌，体育成绩，打游戏的技能。

结果如何？受试者总是高估他人对自己长处和短处的注意程度。这一点很重要吗？是的！研究人员说，惧怕他人评判，可能导致社交焦虑和自我折磨的懊悔情绪。

所以，如果我们总觉得聚光灯打在自己身上，实际却没有，那该怎么办？

很简单。

移开聚光灯。

注意，是你认为聚光灯都在自己身上，别人都坐在暗处观众席，盯着你，等着看好戏。

其实并没有。

那该如何从心理上移开自己身上的聚光灯呢？

蒂姆·厄本（Tim Urban）的博客"等等，为什么"（Wait But Why）风靡一时，其中转发最多的一篇博客名为《驯服你内心的猛犸象：为何应当停止在意他人的看法》（*Taming the Mammoth: Why You Should Stop Caring What Other People Think*）。文字很值得一读，文末还有两幅简笔画，我看了之后忍不住笑出声，真是贴切地描绘了这一主题。

第一幅漫画展现了我们认为的情况。

漫画中，我们是中间那个红色的小人，周围有一大堆人盯着我们看。这就是我们认为的情况！也就是所谓的聚光灯效应。

图片下面的说明是："大家都在议论我，议论我的人生。假如我冒这么大的险，或者做这么奇怪的事，那大家该议论成什么样啊。"

实际如何呢？

第二幅漫画展现了实际情况。

图片对应的说明是："没人真的那么关心你在做什么。大家都沉浸在自己的世界里。"

我们以为聚光灯打在自己身上。

其实并没有。

失败时，我们觉得所有人都在看，因为我们认为自己就是世界中心！工作做不好，就觉得是当众出丑，意味着以后只能住宾馆，吃三明治，或者流落街头；伤心分手了，就觉得再也不会爱了；收到一封大学申请拒信，就觉得自己真是个笨蛋，以后只能拿最低工资，煎熬、挣扎着过活。

我们把小小的麻烦推演成巨大的问题，大到危及身份、颠覆人生。

而且越年轻，越容易陷入这种迷思，因为年轻时经历得少，不知道事情往往总会解决。经历了一次难过的分手，第二次就会好一点；经历了三次，就会好很多。一份工作没做好，下一份就会更能干。

当然，第一次失败真的很难熬。

5
如何移开聚光灯？

我从宝洁辞职了。

为了留住一点颜面。

随着业绩提升计划里的文件越发完备，我知道自己过不了几周就会被扫地出门。但我从情感上还是接受不了被炒鱿鱼这件事，所以索性就遂了我所认为的公司心愿……辞职了。

当初过关斩将获得了这份薪资丰厚的工作，自信心一度爆棚，如今却放弃了他人眼中的理想工作，离开了这家知名企业，告别了丰厚的待遇，告别了按摩福利，告别了同龄人聚集的工作环境，告别了华丽的白领身份。我放弃了这一切，感觉又难过，又糟糕，又失望，又窘迫，又丢脸。

正如前文所说：第一次失败真的很难熬。

当时我并没有意识到，至少过了十年我才发现，在宝洁的失败经历使我学会从容应对逆境，使我体会到表现不佳的感受，学会适应逆境、曲线救国，学会与之共处，而非一直难以释怀。

那究竟如何移开聚光灯？

一定要意识到并记得，人容易内化某种想法，打击自己，以自己为众矢之的，以自己为焦点、让聚光灯晃得睁不开眼。然而，要想拥有韧劲，要想时时记得自己其实很棒，很重要的一点就是要能够将聚光灯从自己身上移开。

"等等，我觉得这次失利都是因为我，焦点都在我身上，都是我的错。"

停。移开聚光灯。请记住：

认为都是自己的错，其实是以自我为中心。

想想是不是。为什么？因为事实如此。想想看一件事当中会牵涉多少因素！想想看有多少因素是你无法控制的。

理想的大学把你给拒绝了？当然，你可以拼命自责，骗自己说都是你的问题！或者也可以理智地想到，还有其他许多优秀的申请者，大学人数、指标、床位有限。也可能是招生代理的缘故，他们也是普通人，有心情不好的时候，或者怀有无意识的偏见，或者他们比你更了解情况，能更好地判断你是否适合这所学校。

认为都是你的原因，这么想就太自我、太傲慢、太自负了。

移开聚光灯的方法就是记住，并非所有事情都以我们为中心，总有这种想法就是自负的表现。

该怎么做？

适应，接纳。

与之共处，释怀。

焦点不是你，不是你，不是你。

一定要移开那盏聚光灯。

为什么？

还有很多工作要做。

只有移开聚光灯，才能好好工作。

·加个省略号
·移开聚光灯

秘诀三

把当下看作一级台阶

与她相识，是在一场小妖精乐队^①（Pixies）的演唱会。

那年我 24 岁，和她有共同认识的朋友。那个温暖的秋夜，在机场附近的一座仓库里，大家一起随着音乐摇摆、唱歌。

"这是我的最爱！"听到电吉他弹出《悲伤成河》（*Wave of Mutilation*）的旋律时，她尖叫道，"是《我有话要说》（*Pump Up the Volume*）这部电影里的，我小时候看过！"

一同参加过几次闹哄哄的派对后，我俩就开始单独行动。柔情似水的浪漫约会里总有说不完的话，深情对视时心有灵犀地微笑，不知多少次答复服务生说"不好意思，我们还没顾上看菜单"。

她早餐吃冰激凌，晚餐吃美味的意大利面。她成熟，又有些传统，活得潇洒自在，既能用餐巾纸吃冷掉的比萨，也能盛装出席华丽的假日派对，与名流社交。

---

① 小妖精乐队是一支美国另类摇滚乐队，1986 年组建于波士顿。

她自信、健美，是天生的运动健将，五年级就加入了八年级的篮球队。她参加了一场又一场训练，加入了一支又一支队伍，从中学会了团队合作，比赛可以输，但风度不能输，也习惯了在车上吃晚饭。

她10岁起就想当老师。

获得教学相关的学位后，她便进入公立学校教书。她所在的学校专门接收有学习障碍的学生，为此，她花了很多时间学习如何教给学生卫生常识、自我保护常识，也学会了与学生沟通"高中毕业后我到底该干点什么"之类的问题。

有时她和学生打完排球，回到家大汗淋漓，皮肤晒伤了，脖子上挂着一串叮当作响的钥匙，大腿上有李子大小的瘀青。她会整晚准备数学课，为过生日的学生烤饼干，或者专程去看她口中的"孩子们"在棒球场与当地球队打比赛。

新鲜的爱情犹如兴奋剂，使人能量满满，超乎想象。从宝洁辞职后，我不知道该找份什么样的工作，就和爸爸在家乡开了一家三明治餐厅。我申请了一些学校，但是也打定主意要把餐厅经营得红红火火，就想向自己证明我能行，某一方面、随便哪件事能成功都行！每晚关了店门，我都会冒着暴风雪驱车几小时去她的住处找她，穿着满是芥末酱的汗湿T恤，闻起来像烟熏三文鱼和脏兮兮的洗碗水，却快乐无比，尽管几小时后我还得掉头回去。

但每次都觉得值得。

她会给我做一个油腻腻的烤奶酪三明治，热乎乎吃下肚。然后我们戴上手套，到她家后面的一个小湖边迎着月光散步。湿漉漉的雪花纷纷扬扬，模糊了视线。我们握着彼此戴手套的手，艰难地走过一座湿滑的河桥，两岸是高大的树木。我俩不住地抽鼻子，鼻头都冻红了。凝望彼此，眼波流转，在这个电影情节般的美妙时刻，深情拥吻。

然后，冬去春来，春暖夏至，在那座不再湿滑的桥上，临着不再冰冻的小湖，我向她求婚了。

她答应了。

与此同时，餐厅的生意时好时坏。

有时赚钱，有时不赚。记不清有多少个周五的夜晚是刷马桶度过的，或者为满是泡沫的炉灶清洁剂伤脑筋。那种失败者的感觉又回来了。而我没能及时抽离自己的挣扎，也没能把聚光灯从自己身上移开。

所以当我收到录取通知，发现自己莫名其妙地申请到了哈佛大学，感觉就像一条海豚来到海中央营救我。我立马卖了餐厅，骑上海豚，乘风破浪去波士顿读书。

我和她常常视频，远程计划着我们的未来，每逢长周末和假期就飞去见对方。那一年我们规划了婚礼，之后那个夏天便在一个晴空万里的七月永结同心。

然后，我回到学校开始第二学年。

这一次，她和我一同去了美国，想调入波士顿当地的高中当老师。然而无休止的手续问题使她没能成功入职、继续教导学生，只能在哈佛的体育馆里发毛巾。她很怀念教书的日子。到了圣诞节，我们商量好她先回家，我等几个月后的春天拿到了学位就回去与她会合。

又一个冬去春来，我身着学位袍，坐在哈佛的主席台前听毕业演讲，笑得很开心。因为我真的感觉，自己的生活这次总算步入正轨了，我要和妻子一起，真正开启新生活。

我回到家乡，搬进新家。我们买了新房子、新沙发，粉刷墙壁，烤汉堡，试着构筑三年前浪漫约会时设想的那种长久、幸福的生活。

尽管我们真的很想经营好这段婚姻，可有时就是好景不长。

意识到这一点的那一天，我还记得。

是个夏天，我们去爬阿第伦达克山脉（Adirondacks）的一座小山峰。她一整天都冲在前面，手脚并用地爬上一块又一块巨石，每到一个观景台都要激动地跑过去眺望远处林立的树木。我落在后面，总比她慢五十步的样子，抱怨着自己有多累、浑身有多酸痛。她很喜欢这种徒步探险，也酷爱新鲜空气、自然景致和气息。而我本以为这四个小时能坐下来好好聊天，却只能不停地拍蚊子，膝盖还划伤了，而且总觉得身后有熊的动静。

晚上，当我们总算瘫倒在酒店房间里，却都沉默了。我有一种感觉，我觉得她也感觉到了。尽管我俩一整天都在一起，却没说几句话。

"你觉得现在怎么样……我是说，咱俩的关系？"我柔声却又有些大胆地问了这个问题。

我想让她抚平我心中的焦虑，告诉我一切都没问题，消除我脑中出现的那个小小的怀疑，平复我脑中翻江倒海的声音——那个声音让我准备迎接又一次惨痛的失败。

然而她没有。

"我觉得……我们挺不一样的。"她说。

"嗯，"我说，"但不是说异性相吸嘛。"

"说是这么说，可是……"她吞吞吐吐。

"什么呢？"

"当时你那么快就求婚了，然后就去波士顿读了两年书。可能我们现在才刚刚开始互相了解。"

当晚余下的时间，谁也没再说一句话。

几个月后，那次对话终于继续了。一天晚上，我下班回家，发现她在门口等我。我看着她鼓起很大勇气，强忍泪水，然而最终还是对我说："尼尔，我不确定自己是不是还爱你了。"

"我觉得可能还是离婚吧。"

她的语气里满是同情、理解与心痛，然而还是令我天旋地转。

我忽然觉得自己生活中的一切都在离我而去：我的婚姻，我的家庭，我未来的孩子。我本以为，第一份工作和无疾而终的餐馆事业带给我的失败已经愈合平复，然而此刻却又忽然感到灼烧般的强烈疼痛。

我以为已然回归正轨的生活，瞬间分崩离析。

而我还在震惊之中。

我在坠落，坠落。

受挫坠落时怎么办？

该做些什么？

第一步，是给人生加个省略号。

鼓起勇气，继续走下去。挺住，继续呼吸，保持心跳，继续前进，哪怕只是一小步。给自己的人生加上省略号，在自己的想法中加上一个"暂时"，然后一天一天，或者一分一秒地践行。

第二步，是移开聚光灯。

这一步当然更难，但很有必要，至关重要。需要分清脑海里想象的情况和实际情况。要记得，人爱把聚光灯打在自己身上，一切以自我为中心，以为一切都围着自己转。然而，我们要学会适应逆境，与之共处，而非耿耿于怀。

第三步呢？

第三步就是把当下看作一级台阶。

将此刻的失败看作隐形阶梯上的一个台阶，通往你此刻难以想象的未来。

要做到这一点很难，真难！必须要相信这个过程，相信自己，记得自己曾经一帆风顺的时光，并相信风雨和挫折后，生活往往会重回正轨。

可是当你看不到余下那些台阶时，该如何相信这些台阶真的存在呢？

1
"完了"的幻觉

这么说吧，台阶代表你出生至今的人生。

再往后的台阶是隐形的，暂时看不见。

但可以回头看啊！过去的台阶是可见的，可以看到自己一路走来的轨迹、已经走过的所有台阶。瞧！那是你五年级转学插班时，每天放学都被那个大个子亚当欺负，还记得吗？那是你第一次打篮球，之后就开始和威廉姆斯教练每晚练球。那位是弗朗西斯科，那个文身大厨，你十几岁时在他的海鲜餐厅打工洗碗，每次当班迟到都会被他一顿臭骂。还挺痛苦的，不过你也因此学会了准时，现在每次进城还会去吃他拿手的蟹饼。还有毕业舞会！呀！还记得那次吗？简直是灾难。

一路走来，爬了这么多级台阶，大大小小的，容易的、艰难的，但还是一步步走到了今天。

下一级台阶会是怎样的？

嗯，问题就在于此。

没人知道。

因为未来的台阶是隐形的。

未来无法预知。

如果只有这么一个问题，可能还行。

但并非如此，还更糟。

为什么？

因为研究表明，我们认为自己能看到未来的台阶！

大脑会认为："那当然，我知道以后的生活是什么样的。"我们会去想象那些台阶，还认为自己很善于预测！其实呢，预测得一点也不准。

给大家解释一下。

2013 年 1 月，《科学》杂志发表了一篇引人入胜的研究报告，由研究人员乔迪·霍尔迪巴克（Jordi Quoidbach）、丹尼尔·吉尔伯特（Daniel Gilbert）和蒂莫西·威尔逊（Timothy D. Wilson）共同完成。他们共同统计了 18 至 68 岁之间超过 1.9 万人的性格、价值观和喜好信息，并通过一系列测试问了受试者两个简单问题：你觉得自己过去十年有多大变化？未来十年会有多大变化？

研究人员用了许多复杂的科学手段确保收集到的信息真实有效，之后公开了研究结果。

反响如何？

学术界开始沸腾。

媒体争相报道研究结果。

为何？

因为结果令人大吃一惊：各年龄段的受试者都一致认为，自己过去十年变化很大，但未来十年基本不会改变。

什么？

试想，一位 30 岁的男士讲述了自己过去十年惊涛骇浪的历程，却认为接下来的十年会一帆风顺；一位 50 岁的女士谈到自己 40 岁之后一切都天翻地覆，却认为自己 60 岁时会和现在一样，保持不变。每位受试者，无论年龄、性别、个性，都给出了类似回答。说明大家都会这么想！

我们都觉得，现在什么样，未来也还是什么样。

如果当下你顺遂得意，那这么想也许不是坏事。但如果现在你受挫跌倒、支离破碎、溃不成军、心碎不已、孤单寂寞，那么这种想法就是危险的心理趋势。而人人都可能会这么想。

身处谷底时，我们会确信自己难以走出。觉得自己要永远住在爸妈家的地下室了，觉得离婚就意味着再也找不到新伴侣，觉得失业就意味着再也找不到理想的工作、只能一辈子打临时工。

研究人员称这种感觉为"完了"的幻觉。

觉得自己的精彩人生就此结束，此刻的一切都会一成不变。

想想看，研究人员为何要花那么长时间研究 1.9 万人？

其中一位研究人员丹尼尔·吉尔伯特接受了美国国家公共广播电台（NPR）《隐藏的大脑》（Hidden Brain）节目采访，他解释说："和大家一样，我也遭受过暴富带来的好好坏坏。我们可能都经历过离婚、手术，与心爱的女人分手，与好朋友绝交。所以当年我经历这些也算是正常情况。然后我意识到，要是一年前问我要怎么熬过那一年，我肯定会说，天哪，我会崩溃。但后来我也没崩溃……这就让我开始思考，是不是只有我这么傻，完全猜不准如果未来发生了特别坏或者特别好的事，自己会是什么状态。"

喏！就是之前说的，看不见的台阶。

丹尼尔·吉尔伯特，哈佛著名心理学家、教授，《撞上幸福》（Stumbling on Happiness）等畅销书作者，连他都会忘了未来的台阶是隐形的。他经历了一两件糟心事，然后也觉得"见鬼，这辈子估计都会这么倒霉了"。但后来也并非如此。因为生活中的经历无一例外，真的都会把我们带到更好的地方。

但这么想挺难的，真的很难！但是必须要这么想，必须，因为这一看似不合常理的研究结果帮我们意识到，人喜欢小题大做。而仅仅是这一点都足以使你潜入大脑，告诉自己"等等，我这是在骗自己！可能不会永远这么糟！谁说我要一辈子住地下室？谁说我遇不到新伴侣？谁说我找不着心仪的工作？"

把当下看作一级台阶。

丹尼尔·吉尔伯特发现，在预测未来方面，我们都是傻子，人人都是。多令人释怀啊！你看，傻的不是你，是我们。白痴的不是你，是我们。笨蛋不是你，是我们。

感觉好多了吧？

这一研究使我想起了之前做过的一份人力资源工作，其中一项职责是在老板需要解雇员工时陪同老板进入会议室。我负责完成文书工作，负责见证整个过程，负责提供精神支持。我每次都会见证几十个人被炒鱿鱼的过程，真的很难过。会有眼泪，会有哭湿的餐巾纸，还有许多个午后，我在冷飕飕的停车场安慰失业的同事，看着他们一边把办公桌上的相框装进后备厢，一边难过地说"我以为会一直在这儿干下去""以后可怎么办呢？""再也找不到工作了"。

这样的场景令我心碎。

好多次我都因此失眠。

多年后，我碰到过一些当年被解雇的同事。猜猜这每一次偶遇，每个人都无一例外地说了什么？"当时被炒鱿鱼真是一件大好事！多亏了那笔遣散费，否则我根本没法在爸爸去世前那半年一直陪他了。"

或者"之后我去了秘鲁，开始做营养品代购，超喜欢现在的工作！"

或者"现在我在一家小一点的公司上班，两年里升了两次！"

或者"领了遣散费，我就安心陪了女儿和女婿几个月，女儿当时刚经历了第三次小产。"

这些当年被解雇的同事为何都这么说呢？为何一段时间之后每个人的反应都如此积极？这是为什么呢？

因为我们会误认为，无法想象变化，就等于不会有变化。

就是这样。

我们误认为，想象不出会有什么变化（"现在该怎么办呢？"）就等于不会有变化（"再也找不着工作了！"）。

换句话说，因为想象不出会有什么变化，所以你就认为不会有任何变化了。

为何如此呢？

因为你的预测能力太差了！

我也一样，大家都一样。

我们认为，因为看不到以后的台阶，就没有台阶。

但其实有。

会有变化。

总有。

这也是为何我们难以将变化看作一级台阶，将失败、受挫、艰难的日子看作过程中的一段，看作人生中的一部分。难以将当下看作一级台阶，是因为尚且看不到下一级台阶！当然更看不到之后的十级台阶。

人为何总认为失败会带来糟糕的后果呢？真相并非如此，极少如此。还记得之前提到的"完了"的幻觉吗，我们的大脑觉得一切都完了！还记得我后来遇到那些被解雇的同事，告诉我当时忽然失业却成了好事？其实我也一样。当年的我又怎会想到，宝洁那份工作的失败会带我一路来到现在，在书中与读者朋友交流？完全没想到。相信我，比起做眼影和睫毛膏产品的价格分析，我绝对更喜欢和大家交流。可是当年我工作不顺的时候，却只会悲观地认为自己往后只能住廉价宾馆，在一堆吃剩的三明治里醒来。

所以，你也要对自己好一点。

当你失利时，当你沉浸在失败与失去带来的震惊中时，当你确信自己卡在了死胡同、无从进展时，只要记得：未来有一级看不见的台阶。要相信这级台阶是存在的，就在前面等你，会带你进入激动人心的新境地。要勇敢地相信这一暂时无法看到的事物。

未来还会有许多台阶，一级又一级。别停下。加个省略号，移开聚光灯，继续前行。

是啊，也许你正在经历失败。

然而有可能，很有可能的是，此刻迈上的这级台阶会引领你到达幸福的未来。只不过你看不到……暂时看不到。

2
重回原点

所以，我们分开了。

办了离婚手续。

心空落落的。忍痛卖了房子，请了离婚律师，去了法院，处理了文书，收拾了东西，浑浑噩噩中尴尬地分了家具，再和一些非亲非故的人一起把家具搬走。之前花了几年时间把这些非亲非故的人变成岳父岳母、公公婆婆，如今又回到了非亲非故的状态。

我搬进了一间不到50平方米的单身小公寓，在市区一栋名为"哈德逊"的楼里。朋友帮我把餐桌塞进电梯、搬进公寓，结果安装好了才发现桌子大得几乎占了整间厨房。只得又把桌子拆了，原路搬出去。我没再买新桌子，没买椅子，没买锅碗瓢盆。橱柜就那么空着。

冰箱也空着。

心也空着。

我看着镜子里自己越发明显的眼袋，觉得难看，就在家附近的药店买了瓶昂贵的眼霜，每天早上涂。我不想让人知道我整晚整晚地失眠、焦虑、孤单。

生平头一回，我在这个偌大的城市独居，原本希望自己30岁时所能拥有的一切，如今都化为泡影……

没结婚，没房子，没孩子。

一切回到原点。

大部分朋友都已成家，带着孩子住在郊区。而我，手机里只有六个联系人，社区邻居都不认识，无事可做，无处可去。

那几个月，我愤怒、难过。每天拖着沉重的步伐去上班，行尸走肉般地参加会议，晚餐就点外卖。

一天下班开车回家的路上，我对自己说："这世上总有点什么是让人开心的吧。"

这个想法像一束小小的光，脑中一个小小的灵感，像是一条出路，一条我应当听从的建议。我打定主意一定要找到，找到一件开心事。必须要翻过这一篇！必须得换个频道！所以到家后，我打开了……CNN频道。

不推荐。

每一家电台，每一份报纸，每一个广播频道，说的都是坏消息。

我现在不听任何新闻广播，不看任何新闻节目，是真的。

我取消了从前订阅的所有报纸和杂志，浏览器里不收藏任何新闻页面，杂货店里浏览一下头条就足够了。我主动选择放弃对时事热点的深入了解，以换取更满足的生活。你能想象就在此刻，你我因为没看新闻而错过了多少起公寓失火案，多少条堵车快报，以及多少条"网红"明星订婚的消息吗？

不过，我的意思不是说一听到别人聊气候变化之类的时事，就要堵住耳朵大喊"啦啦啦啦啦啦"，变得充耳不闻。我的意思是，这世上有很多坏消息，而人的原始大脑拼命想知晓这些消息，因此媒体便拼命兜售以换取利润。

解决这一问题的办法，是自主选择关注点。

删掉所有媒体网站，然后选择你真正关心的问题和领域，深入研究并做出相应行动。至于那些无处不在的电梯电视、健身房屏幕和电台连珠炮似的无休止发射出的肤浅负面消息，不要一味接收。

那天，我关掉了CNN，开始上网。我在谷歌（Google）输入"怎样开博客"，然后点击了一下从没试过的"手气不错"。

十分钟后，我建好了一个小网站——1000AwesomeThings.com（1000件美妙的事），只为让自己睡前心情稍微好一点。起初，我写的博文都是冷嘲热讽、尖酸刻薄、愤世嫉俗的口吻，这也是当时心境的真实写照。我写到肥胖的棒球运动员如何给人希望，写到把人锁在车外、自己在车里假装要开走真是世界上最搞笑的恶作剧。就这么一直写。

我每天下班回家都会写一条。还有哪些美妙的事呢，比如穿上刚从烘干机里拿出来的暖烘烘的内裤？半夜把枕头翻到凉爽的那一面再接着睡？上班迟到正着急，刚好一路绿灯？憋了好久总算找到了厕所？

这样的写作是一种宣泄和释放，刚好在睡前帮我把脑子里沉重黯淡的想法置换成轻松明快的。我每天都在深夜 00:01 发布博文。为什么说睡前发博文很重要？因为如果大脑还在飞速运转会怎么样？睡不着！第二天呢？更糟。第二天晚上的精力和抗压能力如何？更糟。之后一晚呢？还更糟。

我的博客像是一块浸湿的抹布，每晚睡前擦拭我脑中那块满是字迹的黑板。睡前写博客的时间，我会天马行空地搜寻如何恰当比喻摘下隐形眼镜时的感觉，下班回家脱掉袜子时的感觉，脱下滑雪靴时的感觉，婚礼结束后脱下那件汗涔涔的租赁礼服时的感觉。

这样，我睡前脑子里想的是什么？

稍微乐观一点的想法。

博客成了我的省略号。

博客帮我移开了聚光灯。

博客帮我把当下看作一级台阶，试着继续走下去。

3
你的分手次数够多了吗？

写博客是我人生中的一级台阶。

一级重要的台阶，也是必要的台阶。每次分手都会心痛，感觉像末日，像终结。我离婚时就是这种感觉。然而，如果问一问那些关系持久的伴侣，请他们回溯自己的感情史，他们描述的感情之路也总有一段段感觉像是终结点的恋情，但后来总会继续。

几年前，我偶然发现了《每日电讯报》（*The Telegraph*）上发表的一项很有意思的研究成果。

一些研究人员想了解恋爱这条"康庄大道"上究竟会有多少坎坷，所以他们找了一些关系稳固的终身伴侣，追溯每位受试者的个人感情史，想看看遇到终身伴侣前每个人经历了多少段恋爱和性关系。

［注：这是什么稀奇古怪的研究啊！"所以你跟弗兰克在一起之前是跟谁谈恋爱呢？乔，是吗？你跟乔在一起多久？跟

他在一起的时候有没有出轨？跟乔分手后、跟弗兰克在一起之前，有没有过一夜情？"是的，假定恋爱对象是哈迪男孩（Hardy Boys）①。]

这一研究是有道理的，不是吗？因为我们亲吻、约会、与之共度良宵的每一个人，都在为我们指路，助我们成长，教我们道理，使我们觉悟，帮助我们在人生旅途中多了解自己一点，直至我们最终成为最丰富、完整、深邃的自己。

从这一意义而言，每次分手都有意义。

每次分手都是一级台阶。

不妨来看看研究结果？

研究表明，每位女性平均要亲吻 15 个人，经历 7 位性伴侣、4 次一夜情、4 次糟糕的约会、3 段不到一年的感情、2 段超过一年的感情、相爱 2 次、伤心 2 次、出轨 1 次、被出轨 1 次——才能找到终身伴侣。

男性呢？

每位男性平均要亲吻 16 个人，经历 10 位性伴侣、6 次一夜情、4 次糟糕的约会、4 段不到一年的感情、2 段超过一年的感情、相爱 2 次、伤心 2 次、出轨 1 次、被出轨 1 次——才能找到终身

---

① 哈迪男孩——弗兰克（Frank）、艾伦（Allan）和乔·哈迪（Joe Hardy）是美国神秘悬疑小说中的人物，这一系列小说颇受欢迎。

伴侣。

谁愿意经历这么多感情波折啊？

我也不愿意。

可是从另一个角度而言，看到这样的结果会不会反而松了一口气？

因为这样的结果能帮你看清前方通往未来的隐形台阶，通往你可能向往的那份长久、坚固的感情。

我知道不容易！独居那段时间，一年多以后我才重新开始寻找爱情。约会时，每当那些我有一点感觉的人或者接吻过的对象不再回复我的信息时，我都备受打击。那时的我很脆弱，很容易心碎，一次拒绝就足以使我崩溃。

我和对门的小伙子成了朋友。他家总有男伴进进出出。每每我向他诉说，约会对象不再回复信息导致我有多难过时，他总笑得无比开怀，每次都对我说："下一个咯！"话很直接，但可能他就是能够比我更快翻篇儿。

4
"博客是什么？"

一年来，我每天晚上都写一篇博客。

我白天上班，回家路上取外卖，到家就上网写博客，直到凌晨睡觉。我仍在伤心，会心烦，慢慢学着接受。因为是一个人住，也没人能帮我中止脑子里的负面想法。

一次又一次的约会并没有结果，失败经验积累了不少。我把约会对象叫成了我前妻的名字，还叫错好几次、好几个人。我一直在等那么一个柔情似水的浪漫约会，有说不完的话，深情对视时心有灵犀地微笑，一次次答复服务生说"不好意思，我们还没顾上看菜单"。

但没等来。

感觉约会只是周而复始地重复相同的步骤：握手，拥抱，结账——四十美元的酒水和薯条。

又一年过去了，我还是老样子：每晚写博客，经人介绍相亲，认识朋友的朋友，和网友一起喝酒。一天晚上，我的朋友、也是邻居丽塔来敲门，问我想不想去街对面看一个艺术展。她常来找我一起喝酒、吃东西什么的。而这一次，她带了一位朋友。

"你好，我是莱斯利。"一位极其漂亮的女士，深褐色头发，绽放着自信而耀眼的微笑向我伸出手来。"哦，你好，嗨，我是……呃……尼尔。"我尽量镇定地回答。

我们过了马路，在那个大型摄影展里转了一圈，然后来到一个法国小酒馆点了酒和薯条。

"尼尔爱写博客，"丽塔向朋友介绍我，"你可能听说过他的博客？写了好一阵了，已经是美国最火的博客了，马上出书，叫《生命中最美好的事都是免费的》。"

"博客是什么？"莱斯利问。

我就这样被她迷住了。

当晚，丽塔用邮件给我俩发送了那天看的展览的摄影师链接。我马上给莱斯利发了邮件约她出来。"周二晚上十点怎么样？"我写道，"或者周三晚上九点？"

"抱歉哦，"她回复说，"我八点就睡觉了。我是幼儿园老师。"

"那周日早餐如何？"我问。

"没问题。"她回复。

就这么定了。

5

吸纳过去，才有未来

很久以前，地球上开始出现小小的单细胞生物，比如变形虫，像这样的：

三亿年后，这些单细胞生物进化成了多细胞生物，像这样的：

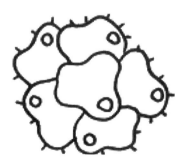

又过了三亿年，多细胞生物进化成了动植物，像你我这样的！

而有意思的是什么呢？

单细胞生物并没有消失，没有灭绝，没被淘汰。植物、动物和人体都有数亿个单细胞生物寄生在表面和内部。这些单细胞生物以我们的身体为家。

那多细胞生物呢？

重点是，多细胞生物由单细胞生物进化而来。同样重要的是，多细胞生物也没有灭绝，而是成了新一代更优物种的一部分。多细胞生物存在于树木、你体内、我体内、奥普拉①体内。

这是要说明什么呢？

我们常常认为进化是在"毁灭、替代"过去，但其实是在"超越、融合"过去。

吸纳过去，以创造未来。

肯·威尔伯（Ken Wilber）在他的《万物简史》（*A Brief History of Everything*）等多本书中都提到这一想法。城市的出现并没有消灭农场，而是以更有效、高产的方式融合了农场。电影

---

① 指奥普拉·温弗瑞，美国电视脱口秀主持人，当今最具影响力的女性之一。第一章里提到过。

没有取代摄影。痴哈（trip-hop）^①没有取代嘻哈。我们也没有取代大猩猩。人类进化后的理性思维没有取代感性情感，而是将情感融入理性思考。

真正的成长、真正的进化并非通过毁灭而实现，而是吸纳往昔，融合成为更优秀的整体。焚书的结果是什么？灰烬。然而读书并形成自己的想法，结果是什么？所有伟大的思想几乎都由此诞生。夷平城镇的结果是什么？灰烬。研究他国技术，不断模仿、学习，结果是什么？结果是未来所有新技术。

没有 GPS 就不会有叫车服务。

没有搜索功能就不会有 Siri^②。

没有过去经历的一切，就不会有现在的你；没有现在经历的一切，也不会有未来的你。

如果当年前妻没有提出分手，我就不会搬进哈德逊的单身公寓，不会认识邻居丽塔，不会爱上她的朋友莱斯利，不会在一年后与莱斯利同居，不会在又一年后向她求婚。

不会与她结婚。

也不会与她生下儿子，名叫……哈德逊。

---

① 痴哈是一种结合嘻哈和雷鬼音乐元素，节拍较慢的流行舞曲。

② Siri（Speech Interpretation and Recognition Interface，语音诠释识别界面）是一款内置于苹果 iOS 系统中的人工智能助理软件。

　　那时我并不知道，我吸纳了过去，而那些过去创造了我的未来。

　　而经历这一切的不仅仅是我。

　　大家都是如此。

　　你是如此。

　　他是如此。

　　我们都是如此。

　　如果你受挫跌倒，可以加个省略号，继续走下去；移开聚光灯，不再自责；之后，终于试着……

　　把当下看作一级台阶。

· 加个省略号
· 移开聚光灯
· 把当下看作一级台阶

秘诀四

给自己讲个不一样的故事

前文讲到，当我们忽然失去生命中的重要东西，当我们绊倒、跌跤，感觉自己不断坠落时，所能采取的三个步骤，希望这些秘诀对你有所帮助。当然了，也许你没有跌落谷底，也许你已经爬了起来，也许你过得很好！

然而，我们有时的确会一路跌落深渊，坠入谷底。那时，便要直面内心深处的魔鬼，隐秘的恐惧，愧疚的想法，以及最黑暗的秘密。

那样的时刻，我们感觉仿佛身处井底，仰头能看见井口投进的一丝光亮，但向上攀爬时却只能从覆满苔藓的井壁上一次次滑下来。

该怎么办？

来看下一个秘诀吧。

来跟大家分享一些更私密的心里话。

来看看我小时候的经历吧。

那是 1979 年 10 月。

我刚出生六周，一直在哭。

一直哭的意思是，白天都在哭，晚上也都在哭。我爸妈当时还没有其他孩子，但他们知道肯定有什么不对劲。他们一直带我去看医生，但每次都得到相同的建议：

"别担心，回家吧，婴儿都会哭的。"

妈妈确信哪里出了问题，所以带我去看了另一位医生。这位医生发现我有疝气，导致疼痛，另外还有一个隐睾。我马上被送去手术。

"他会没事吧？"妈妈问医生。手术开始后，她坐在等候室里哭了好几个小时。与此同时，吱哇乱叫、六周大的我在手术室里开刀。

我无法想象在孩子降生仅仅几周时那段身体脆弱的时期，看着他被送进手术室接受生殖器手术，当妈的是什么感觉。

从手术室出来，我显然不哭了，也没落下什么后遗症，唯一的问题就是只有一个睾丸，还有腹股沟处的一道疤，它会随着我成长发育而变大。我那时只有六周，完全不记事。爸妈在我小时候也从没提过，所以我直到 10 岁都以为人只有一个睾丸。

为什么呢？

你看，人有一个鼻子，一张嘴，一颗心脏，一个胃，一个肚脐。这些自上而下贯穿我们的身体的器官，都是一个。

如今再想这个问题，哪个器官有备份、哪个器官没有备份，你不觉得人体在这方面有点奇怪吗？眼球？的确需要两个。万一在自助餐厅跟人打架时被筷子戳了眼睛，就需要另一只眼球了，这道理我懂。鼻孔呢？也是两个。必须是两个，感冒时需要两个鼻孔保持正常呼吸，不能像只金毛似的伸着舌头喘气。

两个肺？两个乳头？两个肾？

没问题，没问题，没问题！

但是舌头、气管、胃、心脏呢？

哦，感觉一个就够啦。

所以，我觉得自己的一个睾丸也完全没问题。

我也从没在意过这件事。

要知道：我成长的年代是 20 世纪 80 年代。

基本没有互联网。

肯尼娃娃（Ken）[1] 没有生殖器。椰菜娃娃（Cabbage Patch Kids）[2] 没有生殖器。太空超人希曼（He-Man）[3] 没有生殖器。希尔斯百货公司的内衣广告里也看不出模特身上明显的阴茎和睾丸轮廓。就连裸男图画——有一天我在家中地下室的储物盒里

---

[1] 肯尼是美国玩具制造商美泰 1961 年推出的人物玩偶，形象是芭比娃娃的男朋友。

[2] 椰菜娃娃是一系列软塑玩偶，是 20 世纪 80 年代最流行的玩具之一。

[3] 太空超人是系列漫画及动画片里的超级英雄人物。

发现了一本《性爱的欢愉》（*The Joy of Sex*）①，也没有想象中该有的睾丸这种细节。

而且，我没怎么注意。

除了镜子里的自己，我几乎不会留意男性裸体，所以我一直觉得没有任何问题。

这一切在九年级的一堂体育课上全都改变了。

九年级时，我上了一所规模较大的高中②，各年级学生等级地位分明。九年级属于弱势群体，用的是最差的柜子，食堂里永远找不到座位。倒是不会有很多推搡之类的肢体暴力，但大家都知道自己的地位，老实行事。

体育课是必修课，我分到了克里斯托普洛斯（Christopoulos）老师的班里——一位如希腊原始人般矮小敦实的健美运动员，卷曲的短发，连心眉，前臂上有浓密的体毛。他一年到头的着装都是茵宝牌③（Umbro）运动短裤和白色 T 恤，外加一个口哨，即使天寒地冻也这么穿。他从来不笑，吓人得要命，就差骑匹黑豹来上课了。

我所在的体育班同学是一群各式各样的 14 岁学生，有书呆

---

① 《性爱的欢愉》是英国作家亚历克斯·康福特绘制的性爱手册，出版于1972 年。

② 作者所在的加拿大高中，设置是 9—12 年级。

③ 茵宝是国际知名的英国足球用品品牌。

子、小流氓、小混混，但没一个敢在他的课上不守纪律。第一堂课，仿佛是要坐实自己的名声，克里斯托普洛斯老师把我们带到了举重室，请我们展示一下自己的力量。"有没有能做卧推的？来吧，露一手。"有几位同学上前举了几下，有的加了几个轻量级杠铃片。

等大家都展示完了，克里斯托普洛斯老师自己躺在卧推凳上，然后命令大家"加重量！"直到他开始吼叫，汗如雨下，杠铃每侧都装了三块杠铃片——约300斤，他的胳膊和额头已是青筋暴起。我们围着他站了一圈，惊得下巴都要脱臼，眼珠子都要掉出来了，如同看见大脚怪在森林里生产。

这意思很明白了。

我们要是敢在课上哪怕扔个纸飞机，这位老师都能像擀面包棒一样收拾我们。

赶紧站好队。

快入冬时，我们已经练了几周举重、田径和排球，该上生理卫生课了。

克里斯托普洛斯老师把我们带到音乐教室，自己坐在前面的木质指挥台上，开始布道似的照本宣科，朗读有关月经、疱疹和艾滋病的内容。我们一边把冷冰冰的金属谱架塞进课桌，一边努力憋住笑。

克里斯托普洛斯老师爱讲长长的题外话，伤感地回忆自己曾经获得某个欧洲健美比赛的冠军，或者在摔跤大奖赛中如何把对手打倒。渐渐地，我们对他的恐惧变成了一种尊重之情，开始视他为我们都想拥有的那种壮汉大哥。

一天，克里斯托普洛斯老师讲了自己在比赛中与朋友摔跤的故事，那时他不知怎的把人家的睾丸弄坏了，按他的说法应该是打爆了。听到这里，同学们都龇牙咧嘴地倒吸冷气。克里斯托普洛斯老师没说话，只是微笑着扫视全班，等大家都安静下来才接着讲最后的点睛妙语。

"没错，"他说道，扫视了一圈确保每个人的目光都集中在他身上，这才讲了最后这句关键的话，"从此以后，我们都管他叫半个男的。"

哄堂大笑。

笑声震耳欲聋。

我的同桌是一位高个金发寸头男生，名叫乔丹，是我在班里最好的朋友。他敲着课桌里的谱架，笑得眼泪都要出来了。

"半个男的！"他嚷着。

同学们笑得直流眼泪，克里斯托普洛斯老师这是出了一记组合拳——先讲了个令人反胃的故事，再抛出本学期最佳笑点。

我环顾四周，每个人都笑得直拍大腿，前仰后合，泪花四溅。

而我就是在这种情况下发现别人都有两个睾丸，而我只有一个。

一下子全明白了。

我每次都纳闷男生为什么会说"打到我的蛋蛋们了"。明明只有一个，为什么要加"们"呢？我原以为只是一种奇怪的修辞手法，比如说"他被击中了太仓（指胃部）"或者"我太饿了，一匹马都吃得下"之类的。

一种强烈的震惊感迅速涌入了我的身体。我对自己身体孩童般无邪的接纳瞬时消失。我忽然有了一个生理问题，还是大问题，就在男生最不想出问题的那个部位！这可不像是平足，或者背上有个地图形状的胎记。我缺了个睾丸！我以后的嗓音可能会是尖细尖细的！我不能参加接触式运动！我可能无法生育！

在老师和所有朋友眼中，我只算半个男的。

从此我不再穿白色紧身三角短裤，改穿宽松的平角短裤。此后的每节体育课，我都恐惧到面朝更衣室角落换衣服。

接触到互联网后，我在雅虎（Yahoo）上搜索的头几项内容之一就是"睾丸移植"。我发现许多男性为了美观，通过手术将金属、大理石或硅胶假体植入自己的阴囊。

能想象吗？

阴囊通常不会外露，所以没几个人会看到，除了更衣室里的几个男的，再有就是，你懂的，你的爱人。

可是，人就是会做这样的事。

我们会在脑中给一些不为人知的东西打上聚光灯。而那些埋藏在心底的感觉占据了我们内在全部注意力，使我们无法理性思考、判断。

半个男的。

这几个字像一首难听的洗脑歌曲，在我脑中一遍遍播放，像一种刺激强烈的液体渗入我的皮肤。感觉自己像一块干燥的海绵落入肮脏的池塘，迅速浸满了冷冰冰的浑浊脏水……水从每一个缝隙渗入……瞬间湿透。

过了一阵子我才明白这是什么感觉。是一种可怕、黑暗的全新感受，不像愧疚、尴尬或是恐惧那么简单。

这感觉更沉重，更显著，更强烈。

是羞耻。

1
灵魂的沼泽地

阴冷浑浊的池塘里，有个小妖精正等着我们。

是羞耻妖精。

我们给自己讲的许多故事，都源于羞耻。

然而羞耻到底是什么呢？

《牛津英语词典》将羞耻定义为"由自认为错误或愚蠢的行径所致的一种耻辱、不安的痛苦感受"。

嗯……不对。抱歉，牛津大学的大学究们，这个定义太窄了。你们该回去多念点书，打磨一下语言，从剑桥大学或者其他学校拿个学位什么的。因为首先，羞耻的感觉不仅限于耻辱、不安，也不一定是由错误或愚蠢的行为所致，对不对？引发羞耻的原因可能是尿床，或者认为自己不够苗条，或者面对酒吧门口的斗殴一走了之。这些称不上是"错误或愚蠢的行为"。

有没有更好的定义？

不如抛开字典？

心理学家荣格曾将羞耻称为"灵魂的沼泽地"。

灵魂的沼泽地。

这就对了，恰当多了。

"灵魂的沼泽地"恐怕难以收入字典释义，但很形象，因为羞耻是多种情绪混合的产物：耻辱，不安，担忧，尴尬，羞愧，孤单，可能还有其他难以名状的情绪。无怪羞耻的感受如此难以启齿！脸蛋红红的小黄脸表情根本不足以诠释"灵魂的沼泽地"、内心的恐惧，以及渗入体内的那些浑浊池水，使我们如此难以爬出池塘。

研究学者布琳·布朗（Brene Brown）如是描述脆弱："一种强烈的疼痛感或经历，源于我们认为自己不够完美，因此不值得爱与归属——即认为，我们的经历、做过或者没能做的事使我们不配与他人建立联系。"

越发触及症结了。

布琳，能进一步解释一下吗？

"你走到竞技场入口，准备开门进入。你对自己说：'我要进去，进去试试看！'而耻辱就是那个小妖精，对你说：'呃……呃。但你不够优秀啊。MBA没念完，太太离你而去……我知道你从小经历过什么。我知道你觉得自己不够好看，不够聪明，不够有才华，也不够有能力。我知道你爸爸从不在意你，即便后来你当上了财务总监。'羞耻就是这种感受。"

　　灵魂的沼泽地，无疑了。

2
产生羞耻感，究竟该怪谁？

是这样，每个人对自己的认知中都有一定的羞耻成分。我们会把羞耻感隐藏起来，笨拙地试图避开这种感受，遮掩自己的伤疤，好比把头发梳过来盖住斑秃、穿高跟鞋好让自己增高几厘米。

人人如此。

面对我们眼中自己的缺点，我们挣扎、避开、担忧、焦虑。最近我偶然扫到一份小报上的醒目头条，说的是一位一线明星每天要称五次体重。编辑选这种内容作头条，是因这种恐惧能引发读者共鸣，那种被焦虑、不自在、自我憎厌所支配的感觉，像电钻打进脑袋，在我们耳边说："你不够好，不够完美，不够完整。"

该如何摆脱羞耻？

如何走出？

如何超越？

我们无法绕行。

只能穿越沼泽。

可是不容易。

心理学家伯纳德·金（Bernard Golden）在《愤怒疗愈力》（*Overcoming Destructive Anger*）一书中写道："一些研究人员指出，羞耻源于我们反复接收到的一种信息，这种信息不是说我们的所作所为有问题，而是我们自身有问题。羞耻和惭愧、尴尬等情绪一样，源于人对自己的负面评断，尤其当我们认为自己没能达到自己的期望或他人的期望。"

这方面，我太太莱斯利对孩子说话时总是很小心，从不责备孩子："你怎么这么邋遢！"而会说："你还没把自己的书和衣服收拾好呢。"避免对孩子说："你记性怎么这么差！"而是说："你今天把小书包忘在家里啦。"

伊利诺伊大学春田分校荣誉副教授沙赫拉姆·赫什马提（Shahram Heshmat）研究上瘾问题已有二十多年。他认为"产生羞耻感的前提，是意识到他人在评判"。

有道理，说得通。

当我班上的同学因为"半个男的"这个说法笑得前仰后合、直敲乐谱时，我很快就看出他们是在评判。

然而，还有一个可能同样重要的细节。

假如发起评判的不只是他人呢？

假如发起评判的还有我们自己呢？

的确，对立方如果是爱训人的家长或者凶巴巴的老师，这种情形很容易设想。我的一个朋友至今仍真切地记得他小时候尿床后，他爸爸脸上愤怒的表情。我还记得眼睁睁看着七年级老师把一个可怜孩子的拼写试卷撕得粉碎，在此之前还以斗大的字在黑板上写下 O-D-J-E-K-T 这几个字母，并问全班同学，一个能把 "object" 这个单词拼成这样的学生是从哪个星球来的。

这些情景似曾相识！就是这些时刻，制造了孩子们心底持久的羞耻感。

然而，假如我们也亲笔书写了自己的羞耻呢？

如果说那个一直在内化、消化、书写、重复羞耻感的人是……你自己，那还能责怪他人制造了你内心的羞耻感吗？

你给自己讲的关于 "我" 的故事，是怎样的？

有多少羞耻，是你扭曲事实后塞进自己脑子里的？

《美国国家科学院院刊》（*Proceedings of the National Academy of Sciences of the United States of America*）里的研究指出："羞耻源于'自我'如何看待自己，即，羞耻的根源不在于他人对自我的评价。"研究人员的意思是，如果你因为他人的看法而焦虑或担忧，这其实是羞耻所致的结果，而非导致羞耻的原因。

换句话说，你之所以会关注他人对你的看法，是因为你已经产生了自我怀疑和不安全感。

回到我中学时的那堂体育课。

能否超越当时的情景，从这个新角度重新审视一下？

我在那间教室里，听到了老师讲的那句笑话，听到了同学的笑声，吸收并形成了一条简明扼要的信息，而且我旋即将之内化："我的睾丸有问题。我永远找不到女朋友。我不会有孩子。我永远不能让人知道这个秘密。总之，我完了。"

产生这些想法的人是我！当然，不是说责任都在我自己。

而是说，我内心上演的这幕羞耻大戏中，我也有份，我自己也演了个角色。

或许还是主角。

3
你给自己讲了怎样的故事?

畅销书作家赛斯·高汀(Seth Godin)写了19本书,包括《紫牛》(*Purple Cow*)、《做不可替代的人》(*Linchpin*)和《部落》(*Tribes*)。他的博客风靡全球,他本人也会定期在 TED 之类的平台演讲。

我曾在自己的节目《三本书》(*3 Books*)里采访他,我们聊到卢克·莱茵哈特(Luke Rhinehart)的作品《EST 之书》(*The Book of est*),这是对赛斯影响最大的三本书之一。

《艾哈德之书》以小说的方式记述了为期四天、共计六十小时的艾哈德研讨培训——一项风靡 20 世纪 70 年代的新活动。赛斯澄清说,他对培训里一些邪教般的元素和书中一些不着调的陈述并不买账。但读这本书时,还是有些东西使他感觉犹如当头棒喝。

他如是总结这本书的主旨:"人的问题不在于外部世界,而在于你给自己讲的关于世界的故事。怎么讲这个故事,你是有选择的。如果不喜欢自己讲的这个故事，那就换一个。就这样。就这么简单。可大多数人听了我说的这些，还是毫无变化。"

就这么简单吗？也不是，但可以很简单。人总爱给自己讲悲观的故事。我们会小题大做，责怪自己，沉溺于自己的羞耻，对自己说"你不配"，甚至更难听的话。我们自编的故事里，自己要么是反派坏蛋，要么是无脑村夫——或者都是。为什么？为何我们如此沉迷于负面信息？为何如此迫不及待地刻薄评判自己？

如果这样的情况听起来似曾相识，那是好事。这是第一步。赛斯当时也意识到自己喜欢编造关于自我的悲观故事，而一旦认识到这一点，他便意识到自己的故事有失偏颇，甚至会伤害自己。

如何证明这一点呢？

我猜，你十之八九应该还是生来幸运的。如果你此刻在看这本书，那说明你活着，能阅读，受过教育。父母亲保证了你的温饱吧？有家可归吧？念过大学吧？身体还健康吧？

可以继续问自己此类问题，以提醒自己，我们过得有多幸福，也帮我们意识到，我们给自己讲的多数故事都有失偏颇。

讨厌自己的妊娠纹？能否换个角度来看？能否把妊娠纹看作恒久的文身，纪念你把自己美丽的宝宝降生到这世上？

为自己几十次一夜情而羞耻？但或许这些经历帮你了解哪

些特质最吸引你，使你明确自己理想伴侣的样子？

为自己肚子上的"游泳圈"而自责？能否改成，为每周一顿和朋友相约的比萨和鸡翅大餐而欢喜？

一定要记得，我们有选择，一直都有选择，可以选择换个故事讲给自己听。

我们可以重新书写自己的羞耻，可以对自己温柔一点，可以身体力行所宣扬的善举……先对自己好一点。

给自己讲个不一样的故事。

4
调整镜头

如何才能意识到我们给自己讲的羞耻故事，并改写成更积极的故事？

必须学会转换视角，从另一个视角给自己讲个不一样的故事。你给自己讲了那么多关于"我"的故事，要学会用新镜头、从新视角审视这些故事。

如何学会呢？跟学别的东西一样——练习！就是需要练习。下面我们就一起练习一下。本章的最后，我会与你分享我问自己的三个问题，这些问题能帮我拉远视角，重新构建脑中的故事。

卡罗尔·德韦克（Carol S. Dweck）所著的《终身成长：重新定义成功的思维模式》（*Mindset*）一书中有这样一个场景，我们可以用来练习：

十二年级时，一天你去上化学课。你很喜欢化学，但拿到小测验成绩后发现自己得了 65 分。你很沮丧，想向最好的朋友倾诉，但她却匆匆离开了，你感觉自己被冷落了。然后，你打算开车回家，却发现车上贴了罚单。

这种情境下的你感觉如何？

你十之八九会和我一样，感觉很崩溃。

你会给自己讲什么样的故事？

你告诉自己："我化学学得太烂了，永远考不上大学。最好的朋友讨厌我，我都不知道为什么。我真是太蠢了，在不该停车的地方停车。今天真是糟透了！"

然而仔细想想这些情形，或许就能看到更多东西。能否调整一下镜头？化学小测验只是小测验而已，不是期中考试，不是期末考试，也不是总评成绩。你上过那么多门课，当中考砸过多少次小测验？我猜一定不少，大家都如此。

好朋友那边呢？你感觉被冷落了，因为她就那么急匆匆地走了。可你不知道她为什么着急走啊！她是不是忽然接到了什么坏消息？她是不是要赶去某个重要的地方？说不定她是急着去上课，或者忽然接到一个重要电话呢？她没有抛弃你，也不是讨厌你。她没有推搡你，也没嫌弃地瞪你。朋友和家人想找你说话时，你难道没有过匆忙略过的时候吗？当然有，我们都有过。

罚单呢？只是一张罚单而已，车又没被拖走，也没出车祸。谁会被开罚单？大家都会。罚单可是印钞机。专门有一群人四处巡逻，看看有没有车停得哪怕出界一点点，或者停车计时器刚刚到点了，一定要开出点罚单。但罚单不是你人生记录中的污点，你也不会因此而蹲监狱。

这些才是重点。

大脑往往会迅速认为，我们经历的这些"屈辱"背后有个宏大的计划，要一举捣毁我们的人生。

然而并非如此。

我们唯一要做的，就是学会给自己讲个不一样的故事。

"我估计得多下点功夫准备下周的期中考试。"

"但愿朋友没事。我明天再去找她，看看她是不是需要找人聊聊。"

"哦，开罚单的时间刚好是下午三点，在校门口。下次我要记得在计时器里多存一点停车费，以防出来晚了。"

调整镜头容易吗？

当然不容易。挺难的！真的难。需要练习才能学会给自己讲个不一样的故事。

有没有什么技巧呢？

5
问自己三个问题

该和大家分享三个终极问题了。

这三个问题能帮我把思绪从其所依恋的暗处拎出来，帮我给自己讲个不一样的故事。对我很管用，相信也适用于你们。

一起来看看。

问题一：这件事在我临终时还要紧吗？

我发现不论给自己讲了什么故事，问这个问题都管用。问出来也容易，因为很好回答，答案几乎永远都是"不要紧！"

你开车出了几次小事故。人还平安吧？这些小事故在你临终时还要紧吗？不要紧。告诉自己，不过是练手而已。

你被炒鱿鱼了。的确，现在感觉很糟。但临终时这件事还要紧吗？不要紧。告诉自己："很庆幸有这样的经历，现在我更能找一份自己喜欢的工作了。"

你向来分不清"的""地""得"。那又怎样呢？我也分不清。这件事在你临终时还要紧吗？不要紧，当然不要紧！你的葬礼上还有谁会关注你的语文水平啊，而你本人恐怕是最不关心的一个了！因为你根本不会活着出席自己的葬礼。

你看过《卫报》那篇文章吗？讲的是临终病人的五大遗憾。见证过数千次死亡的姑息疗法护士布朗尼·瓦雷（Bronnie Ware）与读者分享了她所了解的五大临终遗憾：

"我要是有勇气过我想要的生活就好了，而不是他人所期待的生活。"

"我要是没那么拼命工作就好了。"

"我要是敢于表达自己的感受就好了。"

"我要是和朋友保持联系就好了。"

"我要是让自己活得开心一点就好了。"

发现问题了吗？

临终时，人不会但愿自己长得更好看，或者语文更好，或者腹肌更发达。

他们回望的是整个人生。

为了消解我对于只有一个睾丸这一事实的羞耻感，我问自己：这件事在我临终时还要紧吗？答案很清楚：不要紧。所以我意识到，我给自己讲的这个羞耻故事是可以选择、更换的。证据是什么？我在这本书里不就与大家"无耻地"分享了这个故事么。

来看第二个问题。

问题二：对于这件事，我能做点什么吗？

如果你小时候尿床，父亲的反应使你至今感到羞耻，那的确可以采取一些措施：心理治疗，咨询，写日记，向朋友倾诉，坐下来和爸妈好好聊聊。

释放出来。

但如果令你羞耻的是躁郁症、小产，或者长不出络腮胡，这些事情恐怕就难以改变了。我的意思不是说问题能就此解决。而是想说，要记得这些事你无法控制，这一点会有帮助。为什么？因为这就免除了你的责任，你做什么都改变不了。这时，就可以给自己讲个别的故事，帮助自己继续前行。

钱包丢了？别跟自己说："我真是白痴！哪个没素质的偷了我的钱包！我再也不相信任何人了！"试着对自己说："哎，那个人可能真的需要帮助，走投无路才会去偷。希望我的钱包能帮他买一餐热饭，或者找地方睡个好觉。"真的是这样吗？可能是，可能不是。但有这种可能，这么想就增加了一种视角。而且这样的故事能帮你向前看，而非沉浸在负面想法之中，越陷越深。

再来看一个更揪心的例子，是我的亲身经历。几年前，我太太莱斯利小产了。我们痛不欲生，而我们给自己讲的故事令我们愈发痛苦。我们什么地方做错了？是谁的错？是不是因为我们那天吵架了，某样东西不该吃，还是某个地方不该去？之后，我们试着给自己讲个不一样的故事：胎儿发育不正常。我们的身体又很聪明，知道什么情况下最好还是终止怀孕。调整镜头后形成的这个新故事是否消除了所有痛苦？当然没有，还是很心痛，这是肯定的。然而，通过给自己讲这个不一样的故事，我们摆脱了有害的自责，也能慢慢向前，继续生活。

也许那句古老的宁静祷文①（Serenity Prayer）里真的蕴藏着智慧："请求上帝赐我们平和，安然接受不可改变的事；赐我们勇气，勇敢改变可以改变的事；并赐我们智慧，能够分辨接受还是改变。"

因为当你问自己："对于这件事，我能做点什么吗？"答案只有两个，不是吗？

如果能，那就干吧！

如果不能，那就是不能了。何必浪费时间担心无法改变的事呢？我无法改变只有一个睾丸的事实，但我能选择给自己讲的

---

① 宁静祷文是最早由神学家尼布尔写就的无名祈祷文，后来称为宁静祷文。

故事。莱斯利无法改变自己小产的事实，但我们夫妻俩可以选择给自己讲个不一样的故事，避免无尽的怀疑与指责。

最后，来看第三个问题。

问题三：这是否只是我给自己讲的故事？

准备好上升到更高层面了吗？

因为这可能是终极的一个问题了！

这个问题能帮我们一层一层剥掉包裹着真相的那一个个小故事。因为我们常常用故事包裹事实……而且压根没意识到自己在这么做！警惕起来，寻找绝对真相，剥去那些带来不必要痛苦的情绪外壳。一层一层往下剥，直到找到确凿客观的事实内核，再根据这个内核给自己讲个不一样的故事。

我只有一个睾丸。有些人只有一个乳房，或者一个肺、一条腿。有些人可能有焦虑症、酗酒问题，或者老年痴呆症。每个人都有点什么问题。关键在于区分问题与我们添加在问题上的情绪。关键在于找到核心事实，并意识到我们只是在添油加醋地讲故事。"我只有一个睾丸"与"我有生理缺陷，永远找不到对象"完全不同：前者是事实，后者是故事。"我酗酒"与"家人永远不会相信我了"完全不同。"我生物考试没及格"与"我辜负了爸妈的期望"完全不同。

回顾一下三个问题：

这件事在我临终时还要紧吗？

对于这件事，我能做点什么吗？

这是否只是我给自己讲的故事？

知晓了这些问题的答案，并不意味着容易做到。

而是说，在培养韧劲的过程中，在使自己更优秀的旅程中，在变得更强大的路途中，我们能够意识到，可以对自己更好一点，有几个小工具能帮我们实现目标。因为真相是，我们脑中大部分想法，都是自己讲的故事。

只有你能决定给自己讲个怎样的故事。

所以，给自己讲个更好的故事吧。

· 加个省略号
· 移开聚光灯
· 把当下看作一级台阶
· 给自己讲个不一样的故事

秘诀五

有失才有得

15 岁时，数学老师希尔邀请我和一群美滋滋的优等生一道踏上一次书呆子的朝圣之旅——去参加一个为期一周的大学兴趣营。

几周后，我挤进希尔老师破旧的丰田卡罗拉轿车后座，夹在几个胯骨尖尖的漂亮姑娘中间，驱车三小时前往加拿大女王大学。

抵达后便开始了为期一周的兴趣营。条件很好，住的是单人间，吃的是自助餐，还可以自由选择感兴趣的大学课程。女生们选了哲学、德语，我则独自选了计算机。但我很兴奋，因为那一周讲的内容是"如何制作网站"。

这可太棒了，我居然能有一周时间学做网站！当时，互联网还是新鲜事物。我整个礼拜都在学习基本的超文本标记语言 HTML 和编程语言 JavaScript。老师教我们如何打开网页，在浏览器中点击"查看源代码"，便可以查看该网站的代码。

我忽然有了个想法。也许我能设计一个超级火的网站呢。

　　课程的最后两天，我都在制作自己的网站"尼尔的 HTML 和 JavaScript 小天地"。

　　我花了整整一天时间把标题调整到理想的样式。我查了对应的 HTML 指令，调大了字号，给文字设置了斜体、加粗、柠檬绿色，还把背景调成了紫色。当然了，文字是持续闪烁的。

　　尼尔的 HTML 和 JavaScript 小天地！

　　这个小网站发布于 1995 年 5 月，内容是收集、分享我知晓的所有 JavaScript 和 HTML 代码来帮助他人制作网站。我的全部初衷就是回答网站制作者一些极其重要的相关问题，比如：

　　如何把标题设置成闪烁的柠檬绿色呢？

　　如何插入一直眨眼的笑脸表情？

　　如何在网页上添加一个持续弹跳的球？

　　当时可是 1995 年，互联网还在起步阶段，距离 YouTube、谷歌、维基百科、Facebook 等网站问世还有好几年。当时几乎没人能上网，只有少数有钱人家能在娱乐室角落安置一台康柏 Presario 型号电脑，可以通过 Prodigy 通信公司的服务拨号上网，好向客人展示联网后慢慢加载的红色雅虎图标。大家会像围坐篝火似的围观 10 个大方块慢慢加载成 100 个小一点的方块，再加载成 1000 个更小的方块……再慢慢出现雅虎的图标。

　　一周的兴趣营接近尾声时，我的网站上线了。几周后，我高中图书馆的一台电脑也能联网了，于是我就能输入我的网站地址——包括一大串数字、斜线、波浪线什么的，向同学朋友展示我的网站。

小伙伴们惊呆了。

大家都叹为观止。

哪有人有网站啊。

而且瞧瞧页面一侧那个计数器，访问量已经100多了！这些人是谁？住在哪里？穿什么衣服？是怎么找到我的网站的？从中获取了什么信息？

但这些都不重要。

这100多的访问量带给我的快乐简直无以言表。

一有机会，我就去图书馆看看网站的访问量，每次都会增加几个。过了好一阵我才明白，最早那100多的访问量有一大半是我自己建网站那周登录所累积的，其他人即便想来看我的网站，也不知道网址。

但我还是央求爸妈暑假给我买了台电脑，这样我就能继续做我的网站了。所以我家也成了拥有康柏 Presario 和 Prodigy 拨号服务的家庭了。

忽然有一天，我的网站打不开了。

我估计是女王大学计算机系某个穿吃豆人游戏 T 恤的络腮

胡大汉清理了缓存,因为我的网站就这么忽然消失了。我很沮丧,却爱上了创建并与世界分享内容的感觉。

接下来的 15 年里,我建了很多网站。

开了很多博客。

分享了很多想法。

目标一致,只有一个:我想看看究竟能吸引到多少人来看我的分享。

15 年。

很长的一段时间,简直无穷无尽。而这就是不断付出,却没有任何回报的阶段。

如果尚且处在没有回报的阶段,要如何知道自己努力的方向是否正确呢?

我们看不到未来的台阶,不是吗?

当我们感觉总在失去时,如何相信自己的选择?

要记得失去并非总是坏事。

有时候,我们需要的恰恰是失去和付出 。

1
"免费做十年"

有时我演讲后会有问答环节，会有人举手问此类问题："祝贺您的作品《生命中最美好的事都是免费的》大获成功。想请教您的是，我要怎样才能通过写电梯里放屁这样的内容来赚钱呢？"

这就相当于问："你中了彩票，那我怎样才能中彩票？"

我的回答每次都一样，答案是从《洋葱报》（*The Onion*）的前任头号写手托德·汉森（Todd Hanson）那里学来的。迈克·萨克斯（Mike Sacks）曾为自己的作品《笑点在此：21位顶级幽默作家的写作秘诀》（*And Here's the Kicker: Conversations with 21 Top Humor Writers on Their Craft*）采访过汉森。汉森说，每次有人问他这种自作聪明的问题，比如"我怎样才能像您这样，靠写笑话赚钱呢？"他的回答每次都很简单。

"免费写十年。"

如今，我们周遭净是一夜暴富、飞速增长、微型创业公司成立两个月就被谷歌斥资数十亿美元收购之类的新闻，成天点击的都是"7组30秒健身运动，21天轻松搞定腹肌"这种链接。我们急不可耐地想要揭开真相、触及本源，然而我们想要的那些——速战速决，轻松奏效，捷径近路，根本没有。

我们不想听到"有些事情需要时间"这种话。

但就是需要时间。

需要很多失败，很多付出，很多经验。

所以，问问自己：

"我在积累经验吗？"

"这些经历会有帮助吗？"

"这条路上我还能坚持一阵吗？"

答案有时是否定的，有时是肯定的。但这些答案能帮你意识到，你在学习，在实干，可能也在失败，但还在前进……

所以该怎么做呢？

2
以失败为荣

1996 年，我和朋友查德建了个网站名叫"当我还小的时候"，简称"我小时候"。上面都是一个个小笑话，说的是我们小时候以为的事情，比如：

"我以为表哥的水床里有鱼。"

"我以为报纸都是在街角那些绿色电源箱里印出来的。"

"我以为每个人喉咙口吊着的那个东西是用来分离食物和饮料的。"

我们在网页底部写了邮箱地址，欢迎读者来信分享他们这种"我小时候"的笑料，但几乎从没收到过来稿。唯一来稿的是我妹妹，她承认小时候一直以为狗都是公的，猫都是母的。

所以不算我和查德的话，那个网站只有一个访问者。

1997 年，我和朋友罗伯、汤姆创建了"音乐上传"网站。我们想找艺术家在网站上传免费音乐作品，用户下载音乐时需要看一段广告或者填一份问卷。遗憾的是，我们买了域名后，网站计划就在我家地下室的乒乓球台上破灭了，因为我们这才意识到，我们几个完全不知如何找到相关公司和音乐人，如何编写相关程序，或者开展任何相关工作，一点头绪也没有。

这就是眼高手低的例子。

停下想想。

眼高手低。

通常说到眼高手低的问题，往往会忽略一个事实：想做的事情本身是好事。这就是你想做的啊！你认为产生这一想法很容易吗？

"眼高"意味着你有远见，能想象出成品的样子，尽管还不知道如何实现……暂时不知道；"眼高"也意味着你已经拥有了那个最难产生的愿景，那个千金难买的特质，那个比任何技能都更难习得的情操：

品位。

这意味着你有品位。

而归根结底，品位和远见本质相同。品位意味着知道自己想要什么，知道自己要去的方向，当下不过是走在通往目的地的一条泥泞小路上。

眼高手低的情况清楚地说明你选对了方向。因为不论是你的博客，读书俱乐部，执教的垒球队，设计的软件，规划的惊喜聚会，正在准备的重要报告……不论什么，眼高手低都意味着你想把这件事做得更好。

也意味着你知道这件事能做到多好。

想做得更好才是真正的天赋。

意味着你会不断尝试。

意味着你会不断失败。

意味着你会不断学习。

绝对比干得烂，却安于现状强多了！

我在女王大学念本科时，大部分时间都在为学校的幽默小报《绝妙金句》写稿，不写稿的时候就建网站。

我和几位商学院的朋友一道建了"学区贫民窟"网站。

那是我建的第四个网站，也是第一个令我尝到了一点成功甜头的网站。

当时大家都在抱怨我们大学周围的那些"学区贫民窟"，指的是学校周围许多破烂不堪的房屋，屋顶摇摇欲坠，有的铺着塑料布，屋里净是浣熊和老鼠。管理这个社区的一群烂房东臭名昭著，全靠垄断。所以我和朋友建了这样一个网站，可以留言写下你的住址，吐槽贫民窟似的居住环境。网友可以通过房东姓名或地址检索到房屋情况，而且经过一段时间，以往及现在租户提供的信息就能累积起来，成为控诉房东的证据。

我们这是在帮民众推翻不合理的制度！

网站挺受欢迎，收到了几百条留言。网友会留言警告："不要租比尔·李的房子！我们租的谢里街 105 号，冰箱要靠魔术贴才能关上，厕所洗手池从来就没通过，楼上的卧室倾斜得简直陡峭，我室友每天早上起床后都要头晕一小时。"

最终，我们把网站卖给了大学的学生政府，赚了 1000 美元，把钱分了五份。学生政府怕惹上官司，很快便"改良"了网站，网站改名为"学生住所"，每条留言都需要审核通过，一句坏话也不能说。

能赚 200 美元我很高兴，但感觉像是背叛了初衷，也很沮丧网站半途而废。

之后就是我在 LiveJournal 网站 [①] 上的博客，名叫"紧紧紧"（Taut Twisted Tightness），主要是疯狂吹捧澳洲青苹、巧克力冰棍、烧烤点火器等物件的优点。结果呢？又失败了。

接下来就是第五个网站了。距离令我多巴胺飙升的第一个网站"尼尔的 HTML 和 Javascript 小天地"已经过去将近十年了，而我仍在寻找下一个令我兴致高涨的网站。十年了！而且上述这些还只是建成发布的网站，没算上我设想过的以及和朋友讨论过

---

① LiveJournal 是一个俄罗斯社交网站，用户可在网站上撰写博客和日记。

的许多网站。

痛苦的里程就此结束了吗？

并没有。

第六个网站，我和一位曾为《大卫·莱特曼晚间秀》供稿的作家网友合作，建立了"大珠宝"（The Big Jewel）网站。这一次，我花钱请了平面设计师设计品牌和标识，还制定了合理的发文时间表——每周三发一篇文章！这个网站基本上是《洋葱报》、"麦克斯维尼的互联网趋势"（McSweeney's Internet Tendency）专栏和《纽约客》"吼叫与低语"专栏的翻版。我们通过网站向报刊和其他网站营销我们的幽默写作服务。然而，向夕阳产业兜售服务实在难以成功。之后的三四年里，我们不断写稿、改稿，也发布网友来稿，却没接到一笔付费服务订单，网站访问量加起来也就几千次。

十多年来，我做了六个失败的网站。经历了六次失败，才建成了下一个网站。

那个网站就是"1000件美妙的事"。

我那时完全没想到这个网站会火，但就是火了。这个博客网站获得了国际数字艺术与科学学院（International Academy of Digital Arts and Sciences）评选的威比奖（Webby Award）"最佳博客"类别下的三个奖项；有5亿多读者；促成了我的第一本书《生命中最美好的事都是免费的》，衍生了一系列续篇和相关内容，一路来到你正阅读的这些内容。

想说明什么问题？

有失才有得。

3
婚礼摄影师、T-1000 和诺兰·莱恩有什么共同点?

有时候，数量真的重于质量。

你有没有问过出色的婚礼摄影师，如何捕捉到完美的瞬间？我问过。摄影师的答案都一样："就是多拍。三小时的婚礼我拍1000 张，相当于 10 秒一张。这样的话选出 50 张好照片就不成问题了。筛掉 950 张照片，总能选出几张好的！"

之前提到《洋葱报》前主编托德·汉森，他是怎么说的？"免费做十年。"

赛斯·高汀在蒂姆·费里斯秀①（*The Tim Ferriss Show*）的访谈里也提供了类似建议："我经历的失败远远多于大多数人，而我以此为荣。相比成功经历，我更自豪于自己的失败经历，因为失败让我不断反思'这些分享够不够慷慨？能否引发共鸣？能否给人带来积极变化？值不值得尝试？'如果符合这些标准，

---

① 蒂姆·费里斯秀是苹果播客中最受欢迎的商学播客。

同时我也能说服自己，那就该去做。"

赛斯还参加过一个访谈，是乔纳森·菲尔兹（Jonathan Fields）的励志自助节目《如何过好生活》（*Good Life Project*）。他在访谈中说："我很推崇'噗'地破灭。什么叫'噗'地破灭？是指你尝试的新想法，要是没成功，就相当于'噗'地破灭了。那就再试下一个。"

我的这本书叫《你其实很棒》。

假如这本书失败了怎么办？

那就……"噗"地破灭呗。

继续努力做下一件事。

别误会，我当然希望这本书成功！我也想在访谈里讨论这本书及其中的想法，想认识那些通过这本书获得帮助、人生就此发生有意义的转变或进步的读者。我想要这样的效果，我期盼有这样的效果！

但我无法主宰这一切。

我所能做的，只有像摄影师那样拍更多照片。

我所能做的，只有手头和未来要做的事。

而这就是关键所在。

无论这本书反响如何，我都必须继续，继续写下一本书，做下一次访谈、下一个项目、下一份工作，无论是什么。你也一样，需要继续。

如何使自己更加优秀？

关于这个问题，我所了解的一点是，不要把成功人士看作成功的产品，或者认为他们都是一次次接连成功。成功人士实际上是怎样的？只是很擅长在失败后继续前进而已。

失败后继续前进，才是真正的成功。

拥有韧劲，是真正的成功。

对于任何愿意尝试的人而言，失败和失去都是必经的过程。所有成功人士都是蹚着失败行进的，艰难地咽下败绩，浸透在失败之中，浑身上下连头发丝和指甲缝里都散发着失败的气息。

我们的目标是什么？

向机器人 T-1000 学习。

还记得《终结者 2》里那个反派液态金属机器人吗？ 肩膀中弹，大腿中弹，却能马上痊愈，再次露出阴险的笑容，继续前进。但是要小心废旧仓库里的大桶钢水！那可是致命的[①]。但好在致命的东西并不多。

小时候，爸爸给我买过一本《美国职业棒球大联盟全统计数据》（*The Complete Major League Baseball Statistics*），绿皮

[①] 消灭 T-1000 的办法是将其投入炼钢炉中溶解，炉中有大量炙热的液态钢水。

平装版，有点磨损。我很喜爱这本书，一直留着，翻阅了无数遍。

我一遍遍翻看那些数据，渐渐发现了一些有意思的事。

赛·扬[①]（Cy Young）是有史以来胜投最多的选手（511胜）。

赛·扬的败投次数也最多（316败）。

诺兰·莱恩[②]（Nolan Ryan）的三振次数最多（5714次）。

诺兰·莱恩的四坏球次数也最多（2795次）。

赢球的人怎么同时也是输得最多的呢？三振最多的球员怎么也是四坏球最多的呢？

道理很简单。

因为这些球员打的比赛最多。

尝试的次数最多。

在失败中继续的次数最多。

关键不在于全垒打次数。

而在于打数。

尝试的次数多了，获胜的次数自然就多了。

有失才有得。

---

① 赛·扬是19世纪末20世纪初著名的美国职业棒球投手。
② 诺兰·莱恩是美国职业棒球大联盟的投手，保有多项纪录。

4
改变生命的奇妙成长

Hypertrophy[①]。

好奇特的词！看到这个词，我脑中浮现的画面是一个超大奖杯：一个一米多高的黄铜雕塑，立在圣诞树大小的木制基座上。

"恭喜您获得高尔夫锦标赛冠军！来，拿好这张巨大的纸板——这是你的奖金支票，还有这个超大奖杯。估计得用优步叫辆六座商务才能装下。"

然而，"Hypertrophy"这个词和超大奖杯没什么关系，其实是指人体肌肉的生长方式。

健身练习力量时持续增加托举的重量，就会有酸痛感。你会低声给自己鼓劲，大汗淋漓，挑战肌肉的最大力量，挑战极限！

而此时，你体内的细小组织在如何变化？

---

① Hypertrophy 一词由 hyper（过度，超级）和 trophy（奖杯）两部分组成，因此作者戏称其字面意思为"超大奖杯"。Hypertrophy 一词的实际意思是"肥大，过度增大"，健身语境中指增肌。

肌肉在拉伸，肌肉组织会有细微撕裂。

因此，英文里"shredded"一词既指"撕碎"，也指肌肉线条清晰，发达有力，像是被撕成了条块状。

这说明什么道理？

那些小小的撕扯、撕裂、微创，听着危险，但你休息时，身体组织就会自动修复，最终使你的肌肉变大，更有力量。

小小的撕裂。小小的伤口。小小的失败。

终会造就更强大的你。

有失才有得。

5
关于这一点，毕业演讲都说错了

"做自己喜欢的事。"

毕业演讲都是这么说的，对吧？

"做自己喜欢的事。"

还有比这更老套的吗？

我打赌，如果统计一下过去三十年所有毕业演讲中最常见的话，"做自己喜欢的事！"准会名列前茅，和"哦，你会见识多少地方！""活在当下！"不相上下。

然而，这些演讲都少说了一句："你是真的喜欢吗，喜欢到愿意为之承受痛苦与折磨？"

这句话，毕业演讲里很少说，却同样重要。

《重塑幸福》（*The Subtle Art of Not Giving a F*ck*）一书的作者马克·曼森（Mark Manson）在玛丽·弗里奥的节目（*The Marie Forleo Podcast*）中如是说："我之所以能成为一名成功的作家，是因为我喜欢写作。我从小就喜欢在论坛里发帖，长篇大论为什么别人说的都不对，或者在 Facebook 上讨人嫌地挑起政治争论，也不为什么，就因为乐意。我就是喜欢写作……别人痛恨写作的那些点，我却喜欢。"

马克小时候一直想当摇滚乐手，但这个职业要承受的一些痛苦对他毫无吸引力——拖着设备四处奔波，在廉价酒吧演出，连续六小时都弹一样的和弦。他无法享受那样的痛苦，那样的挫败。但他的确享受写作带来的痛苦和小小挫败，而这些终能使他成为更优秀的作家。

你是真的喜欢吗，喜欢到愿意为之承受痛苦与折磨？

我想说明的是，在实现自己理想的过程中，你需要承受相应的痛苦与折磨。

想把公主从城堡里救出来？那就得忍得了扎人的玫瑰丛，忍不了就没法救公主。想换个工作？那就得忍得了投递上百份简历、参加十几次面试、每次都被拒，直到有单位要你。很痛苦！但这些就是找到新工作所必须经历的。想找个对象？但愿你能受得了上百次糟糕的约会，还要经历三次心碎。记得之前提到的那个研究吗，你经历的一夜情够多了吗？都是必经的痛苦。

所以，要问自己这个重要问题：

你是真的喜欢吗，喜欢到愿意为之承受痛苦与折磨？

6
三个简单方法

前面提到，赛·扬的败投次数最多。

诺兰·莱恩的四坏球次数最多。

托德·汉森说："免费做十年。"

婚礼摄影师说："秘诀就是多拍。"

我也和大家分享了我的故事，年复一年建了那么多网站和博客，才等来了一次成功。假定你同意我的观点，认识到失败越多，成功才能越多，就懂得了这个道理。

但要如何践行呢？

本章最后，我们一起来看三个关键方法，能加速失败，进而使你更快判断努力方向是否正确，何时应当调头，何时应当更加坚定。

方法如下：

方法一：多参加活动（最好是陌生场合）

眼下的成功会阻碍未来的成功。

如果你擅长某件事，那么你的大脑，如同我的大脑，就会想要继续做同一件事。发现矿了？赶紧挖矿暴富！这可是交好运了。但问题是，当你真的开始大干一场、日进斗金时，同时也错过了所有其他选择、所有其他努力、所有其他潜在失败，而这些东西原本可能引领你取得更大的成就、更显著的成功。

比如说，你二十多岁的时候开始做房地产，成交了几套公寓，感觉自己真能干出一番事业。挺好！但这也意味着你会继续干房地产这一行，可能永远不会意识到，假如自己二十多岁时没放弃芭蕾舞，现在可能都登上百老汇的舞台了。

眼下的成功会阻碍未来的成功。

这里的问题在于当你擅长某件事，宇宙万象就会合谋促使你继续做这件事，引导你一路走下去，坚持自己的特长。这不是谁的错。为了在这个动荡凌乱、模糊复杂的世界里正常运转，我们头脑里都需要一些标签来帮我们筛选、分类生活中各种各样的人。"你是做房地产的那个！"你的朋友可能给你贴上了这样的标签。因此生日聚会时，他们跟你聊的都是房地产市场、利率、何时该卖房之类的。而这些不计其数的对话都会加深你对这一领域的认识，使你在这一领域更加成功，进一步明确你的身份，从而使你更难从心理上摆脱这一身份认同、尝试新领域。

那该怎么办呢？

多参加活动。

专挑那种一个人都不认识的活动。

接受看似不相干的邀请；参加听都没听说过的作家开的读书会；听一场音乐会——音乐是自己从不感冒的类型；下飞机后在酒店吧台叫一杯鸡尾酒；参加线上聚会，重拾遗忘已久的爱好；当然还有，多参加派对。

会不会很别扭？不自在？有时候会，的确。可能不会结识什么新朋友。可能只有三段流于表面的寒暄，没和任何人深入交流，离场时可能觉得是浪费时间。会有这种风险和弊端，也会有挫败。

但你可能会收获什么呢？

可能的收获就是，你会在有意思的地方认识有意思的人。

可能的收获是，你会不知不觉走上另一条路，开启新思路，慢慢解开束缚你的思维定式。

这样的经历也许会激发新想法、新努力、新风险、新冒险，可能会失败，但也会学到更多。

有失才有得。

方法二：给失败留笔预算

留一笔钱用来失败？开玩笑吗？

不，没开玩笑！要留一笔钱用于失败。可能听起来奇怪，但还是要设定一个钱数，这笔钱就用来随意尝试。假定会失败！但还是要尝试。也许是留给牡蛎酒吧的 20 块预算，用于拳击课的 200 块预算，或者用来参加郊区音乐节的 1000 块预算。

如果能设定确切的预算数额，那很好，完美。但如果不太会做预算，这里和大家分享一个我常用的简单模型，帮你轻松设定预算。

说白了，就是确定某件事的预算数量级。

可以称之为"几位数的投入"。

给大家解释一下。

我建网站的时候，基本上都是两位数的投入。比如，花 10 美元买个网址？没问题，支出批准。但此外的其他支出就不予批准了！我知道自己当时只能承受两位数的投入，因为那时没钱。我能承担两位数的风险、两位数的实验成本、两位数的失败代价——但就此打住了。我承担不了三位数的风险，因为付不起三位数的失败代价。四位数呢？更没戏了。所以，我无法为"我小时候"的网站请平面设计师，没法给"学区贫民窟"的网站选用

极速服务器，无法为"音乐上传"的网站聘请退休音乐产业专家
提供一小时的咨询服务。

付不起。

那时我只能承担两位数的投入。

那我的失败预算是多少呢？任何两位数的支出。

开设"1000件美妙的事"这个博客时，我就进入三位数的
预算量级了。那时我已经成年，有工作。我觉得如果自己想尝试
点什么，不论什么，只要投入是三位数或以内的，那我都会尝试。
我为自己的新书宣传买了邮票和贴纸；印了明信片；为博客选购
了极速服务器；受某家广播电台邀请，我还安装了一部固定电话
（天哪！），用于在家做访谈。

有些投入奏效了，有些打了水漂儿。可是要记得：总有收获，
总能学习。另外，谁想要5000张旧贴画，一定告诉我哦！

如今，我的播客《三本书》也算是我留出的一笔失败预算。
我一直很想做一个无广告、无赞助商、去商业化的播客，做成一
件纯粹的艺术品，至少对我而言。所以，我每年花费约5000美
元运营这个播客，支出用于采访嘉宾、制作节目、购买录音设备
等。这是我每年乐于支出的一笔四位数"失败预算"。为什么？
因为这一过程也极大促进了我自身的学习。

失败预算还能增加吗？当然。最高多少呢？如果你是嘻哈

巨星或科技巨富，你的失败预算可能就是七位数。预算金额取决于你，你的接受程度，你对风险的容忍程度。我的目的不是告诉你失败预算的具体数量级，而是提供一个实用的估算模型，加速失去，进而加速获得。

有失才有得。

方法三：常忆败绩

常言道："常怀感恩。"

这是说，日子难过时，要时常记得那些值得感恩的事，以振奋精神。对此我是否认同？当然！所以我才会创建"1000 件美妙的事"这个博客。当时我还沉浸在失去婚姻、房子和过去生活的痛苦中，唯有实实在在地写下每一件令我感恩的事，才能使自己开心一点。我需要一一点数那些感恩的事来帮我的大脑向前看，把当下看作一级台阶。

但我们从不点数的是什么？

我们的败绩，失去的东西，栽跟头的次数。

写这本书时，我头一次需要回顾之前做的那些已经"入土"的网站。准备写这一章时，我想的是："我要告诉读者，我最早建的三个网站都失败了，之后才成功。"开始动笔后，我又记起了第四个失败的网站。修改的时候，又想起了第五个，然后是第六个，还有更多。有一些我可能都忘了，因为这些网站的存续时间都不到一个月。

回忆败绩的感觉挺好。

这些记忆原本位于我脑中想要删除的信息区域。不可分享！不要提及。但其实，回看败绩也是在肯定自己，在那些时刻不断学习，有坚持下去的耐力和韧劲，也因此变得更加强大。

点数自己的失利、以失败为荣，真的很难做到。非常难。我们接受的教育是隐藏失败，以败为耻。但我却在倡导以败为荣。

如果你有记日记的习惯，可以尝试不仅记录成功，也记录失败。诚实记录自己的失败，但要仁慈地对待自己，每次失败都肯定自己。

比如我会如何记录呢？

"我投入时间和金钱建了个网站，却没人来看。真是失败！不过倒是发现了一个很好的网站开发软件，下次可以用。而且我买下了这个域名，以后还可以尝试别的内容，或者索性卖了。我今天冲着刚会走路的孩子嚷嚷来着，感觉真糟。当时我又累又饿，但也不能以此为借口就冲孩子发火。以后要记得，我和孩子一样，也需要吃东西，需要休息。"

承认失败很难，但相信你能做到。大胆谈论自己的失败，以失败为荣！因为你从中学习了，这些败绩是你过河时摸着的石头，没有它们，就没有今天的你，也不会有明天的你。

做到这一点真的很难。

因为以失败为荣意味着开始一段新恋情后，两人不可避而不谈过去失败的感情经历。当然我不是说初次约会就要把这些经历像展示柜里的彩绘瓷盘一样陈列出来，点数败绩不等于做事没头脑！我的意思是，一旦双方建立了信任，那时候就可以彼此坦白，诚实分享你从过去感情中学到的东西。

做到这一点真的很难。

因为以失败为荣意味着，即便是领导也不能假装自己的简历完美。"这是我精选的工作经历和精选的工作业绩！"呵呵，是哦。没人信。我们知道你也是人。你自己也知道这一点吧？如果不知道，那问题就更大了。

我们无法信任没失败过的人，更无法信任都不知道自己没失败过的人，或者假装没失败过的人。

我们需要探讨失败，探讨挫折。谈得越多，成长得越多。所以不妨诚实地亮出自己的败绩：没干好、被炒鱿鱼的工作；失败的感情；没实现的目标，等等。这些经历使你进步。勇敢地分享失败，并分享如何走出失败的经验。承认失败不仅使你更加平易近人，坦诚面对自己跌倒、犯错的经历，也是在肯定自己努力至今的过程。

回顾这样的成长，能帮你认识并感激这一过程。

免费做十年。

敢于失去。

多拍几张。

大胆谈论自己的败绩。

有失才有得。

· 加个省略号
· 移开聚光灯
· 把当下看作一级台阶
· 给自己讲个不一样的故事
· 有失才有得

秘
诀
六

倾诉是痊愈的良方

念哈佛那两年，我常常从多伦多飞到波士顿、从波士顿飞回多伦多，不断往返于两个城市。每次飞行时间不到两小时，机型也是没有中间座位的窄体客机，只有两列长长的座位，每列一排两座。

　　因此，邻座总是只有一位乘客。

　　不知怎的，这样的飞行时长和座位安排容易促使我和邻座热切对话。真的是热切对话，比如，邻座的陌生人眼泪汪汪地与我悄声谈论这样的事："我真的需要严肃面对体重问题了"或者"我真的需要多陪陪儿子，他很快就长大了"。

　　你遇到过此类情况吗？

　　很多人应该都遇到过。

　　飞行时间再短的话，就不值得如此交心。起飞没多久，又要降落了，哪有时间深聊？而如果是越洋长途飞行，那也聊不成。有书要看，有幻灯片要做，有邮件要回，八小时飞行时间安排得满满当当。感觉就是"我很想聊天，但还有一堆破事儿要做"。

　　然而，如果飞行时间刚刚好，座位布局也刚刚好，飞机上那两个并排的座位就可能变成云端的小小告解室。

因为如果条件合适，我们便能自由展露本来面目。不会刻意，不会伪装，不会想要这段关系有任何结果。彼此都知道，几小时后一切便会以两秒钟互道"拜拜"而告终。我不认识你，你不认识我，你我永远不会认识彼此的家人，不会认识彼此的朋友。

毫无压力！

而航班上这几小时我们还是能做伴。

低风险，少评断，零负担。

真是云端谈天的好时机。

可以与陌生人交心。

一天晚上我从波士顿飞多伦多，和一位四十多岁的光头大胡子咨询师话很投机。他一边嚼花生一边与我对话，渐渐聊到了爱情、感情和人生。

快降落时，我问他："所以……我能问一句……你对我的第一印象怎么样？"虽然觉得这个问题很难诚实回答，但我感觉因为我们聊得坦诚，他应该会跟我说实话。果然，他的回答直截了当。

"你看起来很自大，"他说，"戴着耳塞，抱着笔记本电脑。当时我就想，太好了，这哥们肯定会拷问空姐今天的菜单，还会让她们提供鹰嘴豆泥的配料清单。"

我俩哈哈大笑，又是个开心的时刻。但我刻意不问他的名字，也没要名片，为的是不要打破陌生人之间这种脆弱的亲密。

很快，飞机开始备降。机舱灯光暗了下来，安全带指示灯亮起，遮光板推了上去，能看到机舱外林立的高楼在深蓝夜色中闪烁点点灯光。忽然有一种围坐篝火的感觉，只不过少了噼啪作响的木柴和湖边吹来的习习凉风。

不知受什么力量驱使，我转过去对邻座大哥说："哥们儿，我们以后再也不会见面了，但我感觉跟你很投缘。所以如果你想告诉我点什么，纯粹为了倾诉，你可以跟我说，因为咱俩不会再见面了。但因为是你的缘故，我只是想告诉你，作为一个临时的朋友，我会听，很乐意听。我知道这么说听起来很奇怪，但我只是想说出来，因为感觉跟你很投缘。"

听完我的话，他说："哇……呃……哇……嗯……天哪……哎，我结婚了，你知道吧？然后，那个，哎，我觉得……我觉得，我不知道……这婚结得对不对。我觉得，不知道……当初该不该结婚。"

我极力克制自己，不表露任何情绪，纯粹接收他所说的一切，尽管我脑子里想的是："天哪，别……"所以我只说："嗯……嗯……我理解，我是说，嗯，你接着说……"

他接着说："我要说的听起来肯定很不好，但我真的需要说出来。我知道听起来很不好，可我……我感觉自己比她聪明。我觉得这么说真的太不对了，但是我感觉我们说不到一块儿去。我感觉我没法跟听不懂我笑话或者跟我兴趣点不一样的人在一起，比如我爱看的电影她不爱看。所以，感觉，这些还挺重要的！但我觉得根源还是因为精神层面我俩对不上。"

停顿。

很长一段停顿。

"好难啊。"我说。

他点点头："是的，抱歉。我，我，呃……谢谢你。"

他回到自己的座位，而我能感觉到，他释放了一股巨大的情感。就像多年以来一直插在他胃部的一块厚金属片，生了锈，滴着血，此刻总算拔了下来。这些想法埋得很深，总是萦绕不散，咯吱作响……如今终于可以把这些想法放在手术台边的手术盘里，在明亮的灯光下好好检视。

他的这些想法前进了一步……他的脑海中似乎也瞬间多了一片可以探索的新空间。

飞机在跑道上滑行了一段距离，停了下来。我们道别，拿了行李，下了飞机。

那段飞机上的对话很深入，也是很美好的瞬间，而我以为与他的缘分到此为止了。

然而之后……

一年后……

我又见到了他。

之前提到，我经常坐那趟航班。那天我在波士顿下飞机，看到了他，那位光头大胡子咨询师，正等着登上我刚下来的这班飞机！

这次我们不会乘坐同一班机了，但我马上就会与他擦肩。

他看着我，我也看着他。当我走到离他一米左右的位置时，我看向他的眼睛，发现他一脸愕然。

像见了鬼似的。

很害怕的样子。

我瞬间明白，他应该还是决定和太太继续过下去。那些想法大概被他深深埋藏了起来，或者消化了，能够以更乐观的新视角去看待。也许他意识到自己之前想错了；也许是为了孩子维持婚姻；也许为了钱；也许是意识到问题比想象中复杂。

不论什么情况，我从他恐惧的眼神中感觉到，他那一刻可能在想"天哪！不要，这不是那个人吗？我跟他说了那么可怕的一个秘密……虽然我当时真的想说出来，就让那些想法消失、被风吹走就好了。但是现在这个人出现了，所以我的秘密还是真实存在的。"

当时他向我敞开心扉的一个前提，是我保证我们再也不会见面。可现在，我又出现了，又看见他了，等于违背了当时的承诺。

看到他恐惧的眼神、紧绷的下巴、僵硬的动作，我意识到自己应当闭紧嘴巴，迅速从他身边走过，尽快消失。

于是我就这么做了。

而如今，我真的再没见过他了。

那么……

为什么讲这个故事？

这故事有什么意义，对你，对我，对大家？

我来解释一下。

意义就是，说明如今的我们都需要倾诉。

意义就是，在这个嘈杂混乱的世界，我们需要通过某种方式沉淀、看清自己的想法，再使之凝固、排出。我们的情绪压抑得太厉害，束缚得太紧！我们不断回想，令思绪如龙卷风一般在体内旋转翻腾，以至于有时会觉得这些痛苦和问题成了我们自身的一部分，而非我们需要克服的东西。

这种连锁反应会使情绪处于低谷的时间持续过长。我们失败受挫，思绪翻腾，陷入低谷，难以自拔，如此不断自我折磨。

然而，有出口。

通向强大自我的一条小径。

1
100万张明信片揭示了我们的需要

如今，我们常常在虚拟世界向彼此求助。

在网络论坛分享自己的故事，回复博客评论，甚至把写有自己秘密的明信片匿名寄给陌生人。

真的吗？

是真的。弗兰克·沃伦（Frank Warren）人称"美国最受人信任的陌生人"，因为他在2005年开启了一个极受欢迎的艺术项目，名为"邮寄秘密"（PostSecret）。每周日，他都会在PostSecret.com网站上展示一系列精选的匿名明信片，都是陌生人寄来的，上面写着想要倾诉的秘密。如今，他已收到了100多万张明信片，由此创建了全球最大的无广告博客，阅读量超过10亿次。"邮寄秘密"还促成了一系列畅销书，并做成了一个流动艺术展，在世界各地巡回展览，从美国现代艺术博物馆到史密森尼学会博物馆。

所有这些都源于当代人的倾诉。

源于收集并分享来自世界各地的倾诉与秘密。

"邮寄秘密"揭示了我们积压心底的想法，令人惊愕而心酸。也是在告诉我们，人需要倾诉才能疗愈。

我非常感谢弗兰克·沃伦，他慷慨地为本书设计了一个六页的"邮寄秘密"明信片展览，在这本书里就能欣赏迷你艺术展啦！内容如下：

那个周六，你一直纳闷我去哪儿了，

嗯，

我去取戒指了。

现在就在我兜里。

16岁的时候，我严肃考虑自杀。当时上了一门诗歌课。一天，老师给我们念了一首他写的诗。下面这些诗句，还有他朗诵的方式，看着我的眼神——救了我。

朋友们，去他的旧时代的诗人。

没有所谓美丽的自杀，

死亡只意味着冰冷的尸体和裤子里的屎，

以及所有天赋的终结。

今天我立了遗嘱。

倒不是因为明智，

而是因为我担心万一哪天不在了，我收藏的那些包包可

咋办。

我觉得订阅这种杂志会显得比较有文化。

但我其实只爱看里面的漫画！

那天我在店里看到他了……

不知他是否知道……

我差点怀了他的孩子。

好想告诉他。

我真的很感谢19岁那年看的心理医生，他跟我说我会好起

来的。

他救了我的命。

"9·11"事件以前认识我的人都以为我死了。

这个信封里装着一封撕碎的遗书，但后来我没自杀。我觉

得自己是这世上最幸福的人了！（现在）

我觉得那家书店救了我。

我每次高潮的时候，脑子里都是奥普拉的声音："你有车了！
你有车了！你有车了！"①

---

① 美国著名脱口秀主持人奥普拉曾在节目中赠给现场每位观众一辆轿车。

2
每天清晨两分钟

倾诉才能痊愈。

我们就是这样消解痛苦的：告诉自己不必自责，告诉自己我还在前进，对，还要告诉自己我其实很棒。

倾诉痊愈就是看清并释放脑中漂浮的所有焦虑，以实现精神释放。

我离婚后开始看心理治疗师。每次治疗结束后，都觉得轻松释然，甚至欢欣鼓舞。

因为我刚刚倾诉了自己的想法——焦虑的，奇特的，狂野的，不论是否有意义。我的身体感受到了理清和释放后的快感，是一种倾诉后的治愈感，一种精神高潮！这一过程帮我整理、看清并确认自己的感受，最终也帮助我继续前行。

这种精神释放与我经历过的一切肉体释放同样有力。因此，有计划的精神释放——疯狂释放各种想法，成了我生活中的重要部分，成了固定习惯。

很少有人会定期向专业人士倾诉内心的想法，或者特意主动做点什么帮助自己消解感受。心理治疗当然好！但难以获得。公共心理治疗服务门口永远排长队（前提是社区里有），私人治疗师又很贵。贵得有道理，但还是贵。更别说这方面的社会成见。我知道社会成见因文化、地理及其他条件而异。但我只想说，我一直记得当我告诉别人自己在看心理医生时，常有人投来"你有什么毛病？"这样的目光。我们会炫耀自己的健身教练或瑜伽老师有多厉害，但很少听人炫耀自己的心理治疗师，就算治疗师帮他们排解了童年以来积压的所有愧疚。

所以除了专业治疗外，还有什么便捷的方法？

如何理清、释放所有焦虑？

当代告解。

具体怎么做呢？

飞机上那位光头大胡子咨询师向我倾诉后，我思考了很久。

他向我坦白了关于自己婚姻的想法后是如此释然，而当他意识到自己的秘密没有就此消失时又如此恐慌。这说明，人很想感受倾诉后的释然！但也很想找到安全的倾诉方式。比如"邮寄秘密"？完全匿名，不留回信地址，不写姓名。这就是一种安全的释放及痊愈方式。

神经系统科学家斯蒂芬妮·布拉森（Stefanie Brassen）及其

同事在《科学》期刊上发表了一项十分有趣的研究成果，证明
倾诉究竟有多大的痊愈效果。这一研究名为"回首往事莫生气：
老年情绪安定与不安定人群对遗憾情绪的易感程度"。研究表明，
随着年龄渐长，若能尽量减少遗憾情绪，便能产生更多满足感和
幸福感。研究还表明，无法释然的遗憾情绪容易使人在未来有更
多强势及冒险举动。因此，最健康、最幸福的人能意识到自己心
中的遗憾，并选择释怀。

但如何才能释怀呢？

想知道该怎么做吗？

只需每天早晨花上两分钟。

每天早上，我都会在卡片或日记中写下以下三类内容：

我要释放……

我感恩……

我会专注于……

每天都会把这三个句式补充完整。

最近的一次记录中，我这样写道：

我要释放……把自己和蒂姆·费里斯相比较的想法。

我感恩……窗外潮湿树叶的气息。

我会专注于……修改自己书中又一章的内容。

写下这几句话只需要两分钟，效果却立竿见影、不可思议。

完成这三个简单的句子能使我有效"把握清晨时光",进而"把握一整天的时光"。

人每天清醒的时间约为 1000 分钟,只有这么多!因此,难道不值得花费其中的两分钟,以尽量保证余下 998 分钟的品质吗?这两分钟犹如一根强大的杠杆,能提升一整天的生活品质。

写下心中焦虑的做法对我有极大的疗愈效果。因为,尽管听上去离奇,但只要把焦虑的感受写下来,这些情绪就会消失。

我肚子上有五斤赘肉。

我担心孩子明年要上哪所学校。

我觉得我昨天在一封重要邮件里说错话了。

想知道几周后我翻看日记时的感觉吗?"哦,"我心想,"当时担心的是哪封邮件来着?"常常根本记不起担心的原因了。

那么更严重的焦虑呢?比如说妈妈病了,很严重,可能不久于人世。这种情况下两分钟清晨练习还有用吗?有用。因为只要写下来就是在消解、承认自己的感受,如此便能审视并承认心头的沉重感。

第二个要写的句式是"我感恩……"。这是为了强迫自己的大脑在更为显著的消极情绪中寻找小小的积极情绪。"我给妈妈念了小时候她总给我念的那本书。""贾丝明护士给我端来了一杯咖啡。""几个孩子周末都回来了,这是今年头一次。"

这个简单的练习能迅速带来疗愈喘息，使容易关注未来的大脑片刻专注于当下。两分钟清晨练习能改善心情，还能提升效率，因为这是一种精神释放。释放了，便能促进痊愈，清理大脑，提升状态。

索尼娅·柳博米尔斯基（Sonja Lyubomirsky）、劳拉·金（Laura King）和埃德·迪安纳（Ed Diener）开展了一项很有意义的研究，名为"频繁的积极影响有何益处：幸福能否带来成功？"研究表明，如果你以积极的心态开始一天的工作，那么相比其他同事，你的工作效率会提升31%，销售额提升37%，创造力是他人的三倍。这些可观的优势只需要几分钟时间便可获得，释放一些情绪，保持感恩的心态，并确定当天的专注点。

"我要释放……困扰的情绪，不再为胳膊上那块有汗毛的胎记而烦恼。"

"我要释放……尴尬的感觉，因为我在动感单车课上待了五分钟就气喘吁吁、体力不支地出来了。"

"我要释放……担忧的感觉，因为我吼了三岁的孩子，叫他穿鞋子，总担心会给他留下阴影。"

表达出来。

就痊愈了。

感恩之情有何特别之处？为何一定要写下来？罗伯特·埃

蒙斯（Robert Emmons）教授和迈克尔·麦卡洛（Michael McCullough）教授所做的研究表明，每周写下五件感恩的事，十周后幸福感便会显著增加，身体也会更健康。感恩的事写得越具体越好。如果每次都只写"家庭、餐食、工作"之类的宽泛事项，幸福感便不会显著提升，因为我们的头脑没有重温任何具体场景。试试这么写：

"我感恩……狗狗特鲁珀学会了握手。"

"我感恩……火车站里的肉桂面包香味。"

"我感恩……罗德里格斯把马桶座放下来了。"

你应该有概念了。

对我而言，释放了焦虑情绪后再写下感恩的事，有点像一辆清洗溜冰场的洗冰车，在我的神经系统里穿梭，理清所有思绪，再洒上清凉的冰水。

最后要写的是"专注"的内容。

"我会专注于……"这句话如何帮助我们呢？

一旦你倾诉、表达出来并开始痊愈，也整理了思绪，那就该开始精简你能做的无数件事，专注于你要做的事情。

为什么？因为如果不精简，那么你一整天都会不断回想自己能做的事情，只会导致选择疲劳。决策所需的能量占用的是大脑尤为复杂的部分，而任何时候只要精神不集中，就会浪

费精力。正如佛罗里达州立大学心理学教授罗伊·鲍迈斯特
（Roy Baumeister）和《纽约时报》记者约翰·蒂尔尼（John
Tierney）在《意志力：重新发现人类最伟大的力量》（*Willpower:
Rediscovering The Greatest Human Strength*）一书中写道："选
择疲劳会引发许多反常现象，比如平常很理性的人忽然向同事和
家人发火，狂购衣服，在超市买垃圾食品，无法拒绝经销商推销
的轿车防锈服务，等等。无论一个人多么努力保持理智、高尚，
也无法在一次次决策时不耗费任何精力。这和普通体力疲劳还不
一样，人不会意识到自己的决策疲劳，但其实你的脑力已经降至
低水平。"

每天清晨释放压力，使我一整天都不再回想某一困扰。

写下几件感恩的事，使我以更乐观的心态迎接新一天。

专注于当天的一个主要目标，使我顺利完成每天的任务。

思路清晰，头脑清醒，按部就班。

这就是倾诉的疗愈力量。

· 加个省略号
· 移开聚光灯
· 把当下看作一级台阶
· 给自己讲个不一样的故事
· 有失才有得
· 倾诉是疗愈的良方

秘诀七

选择小池塘

你有过不擅长的事吗？

肯定有。大家都有！有时候明明不是自己的初衷，却莫名其妙入伙了。好不容易开了头，却无疾而终。最后茫然四顾，不知自己是怎么走到这一步的。

也许是搬家后，发现邻居都比你有钱，开的车都比你的好。也许是入职新公司，发现周围人说的都是你不懂的暗号。也许是结了婚，生了孩子，但你都不确定另一半是不是真爱。人都会犯错。人也都会经历新环境、新境遇，但有时这些境遇令你极不舒服，或结果不佳。有时真想按下"发射"键，把自己送上火星。

我在哈佛上学那两年，大部分时间都是这种感觉。我很敬仰这所大学，惊艳于我的老师，很喜欢我的同学，但我始终无法认同学院毕业生的职业路径。为什么要坐在一个没有窗户的会议室里，教一家公司如何炒掉一千名员工，只为帮这家已经富得流油的公司赚更多钱？为什么要合并两家公司，仅仅为了满足某个身价数十亿美元的CEO的优越感？为什么要在一个营销部门卖命，只为卖出更多空气净化剂？

这些工作毫无意义！

但话说回来……挣得真多。如果说世界依靠齿轮和曲轴运转，那么相当一部分驱动力都来自此类工作。我感觉自己既想要哈佛毕业生的那种生活方式，却又不知意义何在。

就是在这样的困惑中，我听约翰·麦克阿瑟（John McArthur）院长讲了一个故事，引发了我深深的共鸣。每当我努力变得更强大时，都会想起这个故事。

下面就与你分享。

1

院长讲的故事，改变了我的人生

接到哈佛的录取通知后，学校请我提供过去三年的纳税申报单，以评估我是否有资格获得资助。我备齐了所有相关文件，发现自己的收入不到 5 万美元……三年……总共。

为什么会这样呢？

三年前不赚钱，是因为那时我在念大学。上哈佛之前没赚钱，是因为当时创业开餐馆，没钱给自己发工资。这两个"零蛋"中间的时段是我在宝洁工作的时期，年薪 5.1 万美元，还有奖金，至少能拿一部分，因为我在宝洁没干满一年。

我把这些收入文件发给哈佛，感觉有点尴尬，但几个月之后就很开心了，因为我收到了哈佛的回信，仿佛是说："恭喜！你太穷了，所以我们资助你上学！"

发现自己忽然能少贷 7 万美元的学生贷款，感觉像中了彩票。不过，我以前也经常接到电话，说是要免费送我加勒比游轮旅行。所以，我又看了一遍哈佛的来信，确保不是诈骗邮件。

还真不是诈骗邮件。

原来，我和许多其他加拿大学生一样，拿到了约翰·麦克阿瑟加拿大奖学金。

约翰·麦克阿瑟 1980 年至 1995 年曾任哈佛商学院院长。他也是加拿大人，因此创立奖学金，专门资助考上哈佛商学院、但经济条件有限的加拿大学生。

我对这位素昧平生的老先生充满了无以言表的敬爱之情，所以到了哈佛之后，我花了一整晚写了一封五页的感谢信，与他分享了我的人生故事、失败经历、促使我来到哈佛的所有经历，以及毕业后我想做的所有事情。

我也没多想人家愿不愿意看这么一封陌生人的超长来信，写完后便以吻封缄，投进了哈佛广场的一个邮筒里。

几周后，我接到约翰·麦克阿瑟办公室打来的电话，邀请我与这位慷慨老爹本尊共进午餐！

我接电话的声音听起来肯定有些紧张，因为来电的助理还特意安慰我："别担心，他就是想见见你。"然后她小声补充了一句："我们很少收到五页的感谢信。"

所以上了几周的课后，我去了约翰·麦克阿瑟的办公室，位于校园一角高大橡树林后面一栋爬满藤蔓的楼里。

职员带我进去，麦克阿瑟院长正坐在办公桌前，他转过来面向我，微笑着起身，与我握手。

"尼尔，请坐。"他一边说，一边指了指办公室中间的圆桌，上面有两盒三明治。

"希望你爱吃金枪鱼。"

他耐心等我从众多椅子中选定一把，然后在我身边坐下。他穿着一件休闲系扣羊毛开衫，鼻子上架着厚厚的眼镜。他的笑容很温暖，像个老朋友——谦和，慈祥，平易近人。

我十分惊讶地发现，他身后的墙上似乎挂着一幅极其有名的画作。那是毕加索的画吗？

他注意到我的目光，解释说："哦，那是外国领导送给我们的礼物。也不方便放在院长家里，因为，呃……"

他的声音低下来，我盯着那幅画出神，看着像是一头牛，通体蓝色的奇怪扮相。

我大笑起来，我们开始聊天。

"学校生活还适应吗？"他问。

"哦，您懂的，压力很大。已经上了几周课，每天都要熬到半夜，看各种案例，准备材料。有些公司已经开始校招了。大家都想进那么几个大公司，所以都想巴结那些眼袋黑黑的富翁级咨询师和银行家，希望有朝一日自己也能成为眼袋黑黑的富翁级咨询师和银行家。"

他扬了扬眉毛，笑了起来。

一阵沉默。

然后，他给我讲了一个改变我一生的故事。如今回看，这个故事带给我的价值远大于他为我慷慨支付的学费。

"尼尔，你现在是站在沙滩外，跃跃欲试。"他开始讲，"你站在栅栏边，往里张望。沙滩现在还没开，但很快就会开放。你能看见沙子，闻到海的气味，还能看到几位穿着泳装的俊男靓女晒日光浴。但你知道你身边还有谁吗？上千个和你一样跃跃欲试的人，大家都跃跃欲试，都握紧了栅栏，都想冲进沙滩。一旦栅栏打开，大家都会冲进火热的沙滩，吸引那几个泳装男女。而你约到其中任何一个的概率真的很低。"

我点点头。我在女王大学读本科时经历过校园招聘，很痛苦。要花数百个小时调研公司，调整简历，写求职信，填网申，练习面试，买正装，了解每一位面试官的情况，写、寄感谢信，最后还要承受等待几周甚至几个月的巨大压力。

"所以，最好的做法就是别去沙滩。"老院长接着说。

"让其他几百号人冲进去相互厮杀吧，让那些人打得头破血流。当然，也让其中几个赢得泳装男女的芳心。可是，选择不去沙滩就明智得多。因为即便你赢了，你知道你在沙滩上会一直做什么吗？你会一直回头看，担心另有新人会宣告胜利，取代你的位置。你可能压根赢不了；即使赢了，也是过压力极大的日子。"

我当时在哈佛就是成天焦虑。担心课程，是因为担心分数；担心分数，是因为担心找工作；担心找工作，是因为担心赚钱。

而眼前这个人正在帮我缓解焦虑。

"可是如果我找不到那样一份工作，"我说，"就会破产。我之所以能拿到您的奖学金，就是因为我没钱。我希望毕业后能解决这个问题呢。"

他笑了，"你会过得很好。道理很简单：这世上有待解决的问题和机遇远远多于有才华、肯努力、能解决问题的人。世界需要才华和努力来解决问题，所以有才华、肯努力的人总会遇到各种机会。"

他的话犹如炉甘石洗剂一般，涂在我灵魂中央灼热发红的痒处。他说的这些……很不一样。

"所以，"我小心地沿用他的比喻，问，"要是我不去沙滩，该去哪儿呢？"

"你觉得自己能贡献什么呢？"他问，"你很年轻，没什么经验，但你在学习，你有热情，有精力，有想法。什么样的地方需要这些呢？不是那些开私人飞机来校招的公司，而是那些出了问题的公司，破产的公司，亏钱的公司，挣扎的公司。这样的公司需要你。他们肯定没钱派团队飞到哈佛来招人。但是如果你上门去找，他们一旦招你进去，就会听取你的想法，交给你重任，从中你会学到很多，而且他们会重视你。你会真正参与会议，而不是仅仅负责记录。你会学得更快，更迅速地积累经验，并且推动变化，在一个真正需要帮助的地方帮上忙。"

又是一阵沉默，我消化着听到的内容。

想想看。

哈佛商学院有一大批人专门负责规划、执行相关活动，以指导学生通过校招就业。那是个巨大的部门，主办的活动数不胜数：职业愿景工坊，职位发布公告，信息交流会，啤酒聚会，企业晚餐，一、二、三轮模拟面试。

而我面前的这位老院长却叫我不要在意这些，叫我完全忽略那些抢手的大公司，转而去联络一堆状况百出的破产机构。

打那以后，我再没通过校招找过任何工作，没参加过一次交流会，没再看过职位信息，也没参加过一次模拟面试。我只是回到住处，做了一份表格。

我列出了所有能想到的出了问题、遭受打击的公司，那些业务有趣、但遭遇困境的公司：漏油事故，股价暴跌，大幅裁员，新品失败，公关危机，名誉扫地。

我列出了约一百家公司，然后写了一份三十秒的推销词，大意是我是个研究领导力的学生，很想跟贵公司的人力资源主管聊一聊，问几个问题。我给这上百家公司都打了电话，大概有一半愿意跟我聊。我之后便一一跟进，表示感谢，分享几篇文章，问他们是否愿意见面，一起喝咖啡或吃午餐，进一步聊聊。十几家公司愿意见我。见面后，我一一致信表示感谢，接下来就问他们是否愿意给我一份暑期工作。

我拿到了五份邀约。

全都来自"沙滩"以外的企业。

最终我选择了沃尔玛，入职后发现我是唯一一个有硕士学位的人……而这个团队有 1000 多人。

麦克阿瑟院长的建议奏效了。我一下子成了小池塘里的大鱼。我的哈佛同学也早已有了各自的归宿。他们在玻璃摩天大楼里处理数据表格；我在郊区小楼里办公，坐着掉皮的椅子，旁边堆着旧纸箱。

但我很喜欢。我有工作要做，有真正的问题需要我来解决。

在沃尔玛，我发现没几个人像我一样援引最新的研究成果和案例分析，我之所以如此是因为在学校里阅读分析了太多案例。我不知道的实在太多了，完全没有零售业经验！没有经营门店的经验！没有在沃尔玛工作的经验！我所熟知的东西与其他同事有差异。

而差异，恰恰是很好的事。

我花了一个夏天的时间，设计、规划并举办了公司内部首次领导力会议。

结果大获成功。

而后，在我暑期工作的最后一天，人力资源主管递给我一份全职工作的通知，第一页上附注了我的起薪，是最高等级。

我远离了"沙滩"。

感觉真好。

2
500 万美元的公寓有什么问题？

我从麦克阿瑟院长讲的沙滩故事里学到了什么？

找个小池塘，当大鱼。

在哈佛商学院上学时，我各方面都是中下游。成绩、课堂参与，不论哪方面，我都是中下游。那时的我是大池塘里的小鱼，在一群来自世界各地的佼佼者中毫不起眼。我对自己在哈佛的表现向来很不满意，在那里我一直是后进生。

每次看到高端杂志封面内页刊登的曼哈顿新楼盘广告，起价500 万美元，我都会想到这个问题。这不就是大池塘里的小鱼吗？500 万美元意味着你只能买到整栋楼里最差的公寓。没风景，没地位，什么都没有。谁会砸钱受这气呢？ 500 万美元几乎能在任何其他地方买套顶层公寓了。

我入职沃尔玛时和同事有差异。

而差异真是再好不过的事。

我的学历没有立马淹没在一大堆名校学历中。在沃尔玛，我有价值，自然信心倍增，那种"我能做到"的感觉持续增加。

初学游泳时，不要找最大的池塘，找最小的。不要追求沙滩上那些俊男靓女，去追图书馆里的书呆子。去找那些出了问题的公司。

找一个没人想去的地方。

就从那里开始。

麦克阿瑟院长的建议对我很有用，我甚至在生活中其他方面也开始运用。有时是有意运用，有时是下意识的。

但无论如何，一直很管用。

我刚开始做付费演讲业务时，觉得我的中介公司建议的起点费用似乎太高了。

"要把你的研究成果和经验浓缩成一小时以内的演讲；哪里需要，就要飞去哪里，在上千人面前现场演讲；还要寓教于乐，鼓舞人心。很难的！多收点是应该的！"

"是吗？"我说，"这费用感觉太高了。还有哪些人是这个价位的？"

中介列举了很多人：《纽约时报》畅销书作家、奥运冠军、摇滚明星、教授，都是名人。

"嗯，"我说，"这个价位的一半，有哪些人？"

中介说了一些我没听过的名字。

"那一半的一半呢？"

"没有那么少的费用，"中介说，"一半已经是最低了。如果费用低于一定水平的话，咱们就没必要准备好几个月、花那么多时间开会、协调食宿交通了，不值当。"

"好吧，"我说，"那就先按你们能接受的最低费用算。"

中介不是很乐意，不过因为我的演讲收费低，所以会接到小会议和小活动的演讲邀约。我演讲的场合是本地五十人大小的会议室，而非拉斯维加斯上千人的赌场。过程中我增强了信心，而当我走上更大的演讲台时，也依然自信。

我查了一下"小池塘"思路方面的研究，发现三十年前才刚刚有人开始研究。1984 年，赫布·马什（Herb Marsh）和约翰·帕克（John W. Parker）在《人格与社会心理学》（*Journal of Personality and Social Psychology*）期刊上发表了一篇研究报告。研究问题简单却引人思考：即便空间没那么大，但当一条小池塘里的大鱼，是否仍是更明智的选择？

研究答案十分清晰。

是。

的确如此。

这一研究引领了世界各地一系列研究，都证实了相同的结果，着实惊人。

无论年龄、社会经济背景、国籍、文化教育背景，身处小池塘时，人的自我评价——所谓的"学业自我概念"就会提升。重要的是，即便日后走出小池塘，自我评价仍会保持较高水平。这是因为，人进入新环境时会出现两股相反的力量：一方面想融入群体，另一方面又想感觉"高人一等"。大脑喜欢第二种感觉，如果我们发现"嘿，我能做到"或者"嘿，我说不定还能做得更好"，第二种感觉就会持续。

是否还有其他视角？

问自己一个关键问题：

你愿意做9分组里拿5分的那个人，还是9分组里拿9分的人，还是5分组里拿9分的人？

上述研究最惊人的发现是，在5分组里拿9分能提升人的正向学业自我概念，而这一影响在人离开这一环境十年后依然有效。

选择一个你认为自己能发挥重要作用的环境。你猜怎么着？你会一直觉得自己很有用，这种自我评价会持续很久很久。相关研究在世界各国、无论个人文化还是集体文化中都发现了类似的结果。

因此我认为，选择一个使自己感觉良好的环境，没什么可羞耻的。这是自贬身价吗？不是！当然不是。参加最慢的马拉松组别，选择娱乐组而非竞技组，高尔夫开球时瞄准最近的球洞，这些做法一点问题也没有。

你知道这是在做什么吗？

为成功铺垫。

你会越爬越高，因为你自信。

但会不会有风险？会不会因为太把自己当回事而影响和他人的关系，或者伤害他人？有可能！这就是风险。有没有想过为何许多名人都是成名不久就离婚？可能因为他们的学业自我概念忽然飙升，自认为是大鱼！之前的小池塘婚姻忽然感觉太局限，于是转而跳入更大的池塘，找巨星谈恋爱。

为什么提到风险问题？因为这一点关乎自我意识。

我们必须意识到自己身处的池塘大小，并善待他人。选择小池塘，并不意味着有理由傲慢自大、自负自夸。这可不是教大家跟幼儿园小朋友拼杀排球。

我们是想用一种有科学依据的方式善待自己，从浅水区开始，帮助自己慢慢成长为更优秀的自己。

选择小池塘。

· 加个省略号
· 移开聚光灯
· 把当下看作一级台阶
· 给自己讲个不一样的故事
· 有失才有得
· 倾诉是疗愈的良方
· 选择小池塘

秘诀八

闭关

生活重回正轨后是什么样？

感觉太棒了！忙碌不停，运转不停，启动加速，精力无限。选择了小池塘，看到了成果，业绩陡然提升，卓有成效。

这个词要停下来想想。

有成效。

有成效难道不是极好的吗？

的确，人类历史上从未像现在这样卓有成效。

麦肯锡 2015 年发布的一份全球增长白皮书显示，过去 50 年，发达国家的劳动生产率平均每年增长 1.8%，是有史以来最高增速。员工平均产出是 1964 年的 2.4 倍。

当今生产率达到有史以来最高增速。

听起来很好。

但果真如此吗？

亚历山德拉·施瓦茨（Alexandra Schwartz）在《纽约客》专题文章中将现代人对生产率和忙碌的关注称为"自我完善至

死"。她写道："仅仅设想自我身心不断完善的状态已不足矣。如今我们必须记录自己的进步，计量步数，监测睡眠节律，微调饮食结构，留意负面想法——然后分析数据、相应调整，再重复这一过程。"

《注意力商人》（*The Attention Merchants*）一书的作者吴修铭（Tim Wu）在《纽约时报》文章《平庸颂》（*In Praise of Mediocrity*）中写道："如果你喜欢跑步，那么仅仅绕着街区跑儿圈可不够；你得训练，好参加马拉松比赛。如果你喜欢画画，那可不能满足于和水彩、睡莲共度美好的午后时光；你要努力参加画展，再怎么说也要在社交媒体上有体面的粉丝数量……人类文明的承诺以及所有努力和技术进步的目的，都是使人类不再为生存而挣扎，有精力追求更高的境界。然而，如果凡事都追求卓越，便会影响这一本来目的，威胁甚至毁灭自由。"

如今，我们周遭的信息多于以往，沟通更为频繁，一日的工作产出多于曾祖父母辈一个月的产出。

然而，代价是我们难以放松，难以解放创造力，难以逾矩，难以大胆冒险，难以放飞自我，也难以投入那些根本而言更加重要的东西。

公司领导取消培训、会议或外出活动时，通常援引的理由是什么？"手头的事情太多了。"你能想象老板那副眉头紧锁的严肃表情吧，还有一屋子点头的下属："的确，事情多，太忙了，挤不出时间。"

大家都觉得无法在行进的生产力车轮里戳一根树枝，否则车子就会翻滚下山。

我们的发条拧得太紧了！

然而这种状态可以停止。

必须让它有休息的时间。

是的，通往优秀之路上的另一项必备技能是能够屏蔽身边一切杂音，安坐在自己宁静的小池塘里，思想和灵感才能涌现、发酵、浸泡、生长……

需要有一定的空间，能使我们逃离外界的空间；能使我们运转消化的空间；能使我们反思的空间；能使我们走下甲板、坐在船长的位置，确保船只朝正确方向航行的空间。

如何做到这一点呢？

闭关。

1
辞职前一定要思考的两个问题

如何知道自己是否需要闭关呢？

给大家讲讲我在沃尔玛工作十年后辞职的经历。

首先，我为什么辞职？

这个决定是基于我在《快乐是可以练习的》一书中分享的"三桶原理"，这里简单介绍一下：

一周有168个小时：将其中56个小时归入第一只桶，用于工作；再将56个小时归入第二只桶，用于睡眠；其余56个小时归入第三只桶，用于娱乐。

工作桶和睡眠桶为第三只桶创造了条件，使你可以心安理得地享用娱乐桶里的时间，做什么都行！

在沃尔玛工作的十年里，我第三只桶里大部分时间都用于写我的博客"1000件美妙的事"、写《生命中最美好的事都是免费的》这本书及其续篇，并就相关话题四处演讲。可以说是爱好，也可以说是副业，怎么说都行。所以我最初做的这些关于构建理想生活的事情，对我而言其实是娱乐。

当我与莱斯利组建家庭、有孩子后，我的娱乐桶里渐渐充满了给孩子洗澡、讲故事书、哄睡之类的内容，一下便无暇利用晚间和周末时间写作了。说白了，桶不够用了，而我需要决定，每周 56 小时的工作时间是用于沃尔玛的工作，还是写作和演讲工作。

结果呢？

在一位导师老友的帮助下，我制定了一种简单的决策方式，只需回答两个问题。这里分享给大家，因为我觉得这两个问题可以用于任何重要决策。

决策前，问自己：

1.关于遗憾：如果将来回首现在，没做哪件事会更令我遗憾？

2.关于预案：如果这条路行不通，该怎么办？

我的答案很清晰。

关于遗憾：尽管我在沃尔玛正层层晋升，但能够深入挖掘我对构建理想生活这一主题的热情并开展相关写作和演讲，是令我心潮澎湃、千载难逢的机会。我知道如果自己熄灭这团火苗，成为企业高管，心中会一直有个遗憾的声音，一辈子折磨我。

关于预案：如果选择了写作，最终失败，该怎么办？出的书反响都不好，该怎么办？如果出版商抛弃我，该怎么办？粉丝都取消关注，该怎么办？要是我成了那种声嘶力竭地讲、影响力却越来越弱，渐渐无人问津的演讲人，该怎么办？这些都可能发生，现在也有可能！但我知道，还是可以润色一下自己的简历，四处敲门，寻找机会。消化确定这一想法花了些时间，但最终我自信还能找到工作。

因此我决定了。

我辞掉了沃尔玛的工作，把娱乐桶里的 56 小时挪到了工作桶，睡眠时间还是 56 小时。娱乐桶里的内容变成了什么？给孩子洗澡、讲故事、哄睡。多陪孩子，多陪家人，努力做个好丈夫、好爸爸。

我感觉这两个问题很对路。

写下来再读也觉得有道理。

只有一个问题。

2
琐事来得更猛烈了

我辞去全职工作的第一年，发现写作效率居然下降了。

为什么？

因为尽管此前我想象自己的全职写作生活一派无忧，有无尽的独处时间，但实际情况是这些时间立马充斥了各种会议。会议？其实这些会议一直都有：电话调研，电话采访，和代理商吃饭，和网页开发人员喝咖啡，开线上会议讨论出版时间，电台采访，媒体活动沟通电话，等等。

然后呢？

我的写作进展得很艰难，有时一整天都处于停滞状态。效率的引擎压根就没发动起来。当然，问题或者说大问题在于，我如今唯一的产出就只有写作了。

而我却没时间写。

这不仅是沮丧，更是尴尬！

"新书写得怎么样了？"

"哦，你是说我辞职以后啊？糟透了。"

我以为辞职是给自己创造空间，实际只是给无尽的会谈和干扰创造了空间，这些事务迅速占据了多余空间。

而且，不光我有这个问题。

如今我们都面临这个问题。

而且愈演愈烈。

随着世界愈发忙碌、手机铃响愈发频繁，注意力很快成了最稀缺的资源。

每个人都在争夺你的注意力！

当今世界，每天都有上百个小钩子试图吸引我们的注意力。上了飞机，座椅屏幕上无法关闭、暂停、静音的豪车广告向你尖叫。下飞机前，空乘人员机械地念着冗长的广播稿，邀请你现在就申办航空公司信用卡。走进电梯，角落里的小电视向你推销保险，顺便播报天气和脑残的新闻头条，以吸引你的眼球。走进酒店房间，电视广告招呼你到楼下酒吧喝一杯。你拿出电脑，准备在写字台上办公，发现桌上满是立牌广告，向你宣传热石按摩，还有大堂餐厅的椰子虾开胃菜。瞄一眼手机屏幕，发现是电信公司发来的短信，愉快地通知你流量即将耗尽，但如果回复"1"，只需10美元即可购买更多流量。点开邮箱，发现又多了四封垃圾邮件。望向窗外，看见一辆公共汽车驶过，车身的巨幅广告在

宣传即将上映的超级英雄大屏电影。路边林立的广告牌邀你尝试

0.99 美元的鸡肉三明治、市中心的夜总会，还有亲子鉴定。

叫人怎么集中注意力？

3
如何彻底消失?

我发现自己完全没时间写作了。

回想写博客的日子,发现自己以前是那种凌晨四点起床或者熬夜到凌晨四点、在别人睡觉时做事的人。1000 天 1000 篇博客,就是这么写出来的。但我现在认识到,"小车不倒只管推"的做法难以持久。而且我发现,那些似乎不愿为睡眠和家庭等重要方面留时间的人所提的建议,我都很抗拒。

我意识到,需要一种实用方法,能做更多事情,又不占用其他时间。

迫切需要。

终于,我找到了一个解决方案,可以说这个办法拯救了我的事业,节省了时间,还保障了身心健康。

我相信你一定也需要这样的办法。

我称之为"闭关"。

闭关的日子里,我真的会完全失联……任何方式、任何人都联络不到我。

结果如何？

闭关成了我的秘密武器。粗略比较一下，如果只能在开会间歇写作，那我一天只能写500字；但在闭关日，常常能写5000字。居然有十倍之多！而且我会为此一整周都情绪高涨，因为我完成了自己的写作目标。

闭关日的效率为何能达到平时的十倍之多呢？

明尼苏达大学商科教授苏菲·勒罗（Sophie Leroy）2009年发表的一篇论文十分引人入胜，她发现专注于某一项任务，进入一种流畅产出状态，会比专注于多项任务更有成效。

勒罗提出了"注意力残留"这一概念，解释了为何当人一天要参加多个会议、有各种任务要完成时，效率便会下降。说白了，人都会有一定的注意力残留，部分注意力仍然停留在上一项任务。

每次我和别人聊到闭关日，他们都会发笑。

为什么？

因为我们每天都会收到数百封邮件、短信，还有其他零七碎八的消息，需要同时处理那么多任务、项目、优先事务，想要完全丢下不管？想想都觉得可笑。

其实能做到。

而且很重要。

一起来看看闭关究竟是什么样的。

对我而言，闭关由两部分组成。

一是深度创意。

人一旦开始专注，大脑就会高速运转，进入流畅工作状态，需要完成的大项目也会逐步顺利完成。

二是些许刺激。

这是指一团团小小的燃料，可以用于自我振奋，或者在思路停滞时激发灵感。每个人都会有低效停滞的时刻，与其设法避免，不如预备一些提升效率的方法，以备不时之需。我有哪些方法？健身，吃点儿杏仁，户外散步，冥想十分钟，换个工作空间，等等。

如何预留闭关日？我会提前 16 周规划，每周指定一天为闭关日，并加粗标注：闭关日。别的日程都不加粗，只有闭关日十分醒目。

为何要提前 16 周？其实，重要的不是提前多久，而是背后的思路。对我而言，确定闭关日往往是在我确定了演讲周期后——更重要的是，其他安排都尚未确定。这时候很适合确定闭关日，因为时间还没有被其他安排占据。

闭关日当天，我会想象自己是在一辆车里，四周是五厘米厚的防弹玻璃，什么也进不来，什么也出不去。大小会议全部被挡风玻璃弹开，一切信息、提示、电话也一样。手机全天处于飞行模式，笔记本电脑关闭 Wi-Fi，排除一切干扰。如此便能轻松、自由、深入地投入工作。

要是这辆闭关防弹车遇到障碍怎么办？比如有一份很难得的邀约，或者有位比我重要得多的重量级人物真的只有那一天有空会面？

红色预警：闭关日有危险。

我会怎么做？

我有个简单的原则：闭关日不能取消，但可以在一周内自由调换。不过闭关日也不能挪到下一周。闭关日重于一切其他安排，可以从周三挪到周四或周五，即便有时意味着我要调整四个会议的时间才能协调开。这一方法的妙处在于，在日历上标出闭关日的那一刻起，就感觉已经敲定了。一旦敲定闭关日，马上就能感受到那种来自深度产出的高涨创造力。

还有一些其他机制，确保闭关日顺利运行！

4
闭关遇到的三个借口

之前提到，每次我向别人推荐闭关这一做法，大家总有各种反对的理由。可是这！可是那！那就来分析一下这些理由。

第一个"可是"，很有分量！

可是遇到紧急情况怎么办？

简单说，就是基本没什么紧急情况。详细说，就是莱斯利问了我这个问题，听我大谈特谈过去没有手机的日子大家都处在失联状态，但她并不以为然。如今的社会文化十分倾向于担忧最坏的情形，有些人甚至要时时刻刻追踪孩子的手机定位，或者担心配偶万一骑车摔倒、联系不上怎么办。我想说：拜托，要冷静。真的迫切需要给这种基于恐惧、担忧万一灾难来袭怎么办的文化浇一盆冷水。我们的肾上腺出了问题，全都高度警惕。但我也理解爱人的担忧，所以开始闭关机制后，我也为了太太有所妥协。我跟她说，闭关日当天，我会在午餐时间把防弹车门打开一小时。

结果呢？

各种信息枪林弹雨似的迎面飞来：十七条短信，十几封看似紧急的邮件，接连不断的自动提醒和订阅推送——没有一条来自太太的紧急消息。所以几个月后，我们就不这么干了，我干脆告诉她我闭关的地点。这也令她相对安心，万一有要紧事，她可以打电话到我闭关的地方，或者开车来找我。如今，我的闭关机制已经开展了几年，没出过什么大事，莱斯利和我也都能更好地适应一整天不联络的状态。

下一个"可是"！

可是万一有紧急会议怎么办？

你可能要说，有些人我每天必须联络；由于工作需要，我必须一直一直保持联络畅通。好！我了解。你可能是急诊室医生，可能是领导助理，了解。解决这个问题的办法就是从小时段开始。试试午餐闭关，午休时间不和大家一起吃饭，而是好好散个步。或者清晨闭关。无论你的工作内容、职位高低，闭关都有助于发现必要的新视角，或者促使你终于开始着手拖延已久的项目，或者开启一种全新的工作方式，并能使他人意识到你的闭关时光也很有成效。

这会带来什么额外的好处？如果同事或队友在你午餐或清晨闭关时帮你代班，你猜怎么着？你也能相应回报，在他人闭关时帮他们代班。所以，闭关还能增强团队凝聚力。

那最后一个"可是"呢？

我真心希望员工闭关，可是有些人就是不愿失联。

这一点很有意思，而且很常见。这个"可是"主要是针对那些休假还要回邮件的人。听起来像是公仆式领导，实则是自负的表现，因为这样的员工觉得自己的意思是"我是守护团队的勇士！"但其实意思是"我太重要了，团队没有我就无法正常运转！"以及"我休假回来也没法带来新想法和灵感，因为我压根就不要离开战壕！"

我曾与SimpliFlying公司 ① 合作完成了一项测试强制休假效果的研究。研究报告发表于《哈佛商业评论》，结果表明，针对休假期间联络公司的行为设置惩罚，这个办法很奏效。是的，员工如果休假期间联络办公室，就会被扣除带薪休假时间。所以，想令你的直系下属闭关？就请他们把电脑和手机留在办公室，而且告诉他们，联络公务就会挨罚。

记住：闭关可以做到。

而且至关重要。

开始闭关机制之前，我常常偷懒。写稿，演讲，事情都做了，但总觉得少了点什么。开始闭关后，神奇的事情发生了。我更加

---

① SimpliFlying 是一家为航空公司提供营销及咨询服务的企业。

大胆，敢于尝试。我做成了从没想过的事！我写出了《你其实很棒》，撰写了全新的演讲主旨，完成了未来几本新书的提案，还开办了"三本书"这个播客。

我们必须学会关闭外界杂音，找到那个安宁的小池塘，使思想能够涌现、发酵、结晶，以帮助我们反思，确保方向正确。

这对自身成长而言至关重要。

这对成就自我而言至关重要。

你已经了解了我是如何闭关的，也了解了背后的原因以及其中实在的益处。所以你可能会问，我实行闭关的做法已有几年，如今还会特意仔细规划、保留并保护每周一天的闭关日吗？

说实话，答案是"不"。

现在我的闭关日是每周两天。

· 加个省略号
· 移开聚光灯
· 把当下看作一级台阶
· 给自己讲个不一样的故事
· 有失才有得
· 倾诉是疗愈的良方
· 选择小池塘
· 闭关

秘诀九

永不停歇

最后一个秘诀。

旋转木马最后一圈。

之前讲了很多培养韧劲的方式，从加个省略号，到移开聚光灯，到有失才有得，到选择小池塘，再到闭关。这是一段你我同行的旅程，我们共同完成。妈妈比我早出发，这本书从她的故事开始。

爸爸也比我早出发。

所以，不妨给这本书画上一个圆满的句号。

最后分享的秘诀是本书所有其他内容的基石。

爸爸1944年出生在印度一个名为塔尔恩塔兰（Tarn Taran）的村庄，本名苏林德·库马尔·帕斯理查（Surinder Kumar Pasricha）。

如果你问他的生日，他会告诉你，不知道。那时候当地人根本不记录出生日期。头一天还没有你，第二天就有了你。

没人觉得这是什么值得记录的事。

估计是孩子太多，但本子不够多。

有意思的是，我一直不清楚爸爸的一些基本信息——姓名，出生地，出生日期，这些都是我长大后才知道的。

我一直以为爸爸出生在新德里，直到我二十好几岁时的一天，我们在妹妹家看电视，我随意换台，忽然看到电影《甘地传》（Gandhi）里的一幕，是印度著名的阿姆利则金庙。

"我就是在那儿出生的，"爸爸说，"确切地说，是附近的一个小村子，叫塔尔恩塔兰。"

我困惑地说："啊？我以为你是新德里出生的呢。"

"不，不，"他说，"我是在新德里长大的，上学也在那儿。"

"可是每次有人问，你都说自己是新德里人啊。"

"尼尔，"爸爸叹了口气，"这么回答比较方便，新德里大家都知道。"

这样比较方便。

这是爸爸的名言。

他不仅简化了自己的家乡，还简化了自己的名字。

他刚到加拿大安大略省皮克灵市的丹巴顿高中教物理和数学时，没有一位同事能念准他的名字，大家都发不准"苏林德"（Surinder）。

于是都叫他"苏兰（懒）德"①。

英文谐音词的意思是"投降"。

那时爸爸刚来加拿大不久，他在心里对自己说："我大老远跑到这儿不是来犯懒投降的。我来是为了成长，学习，发展得更好。"

从此，办公室里再有同事问他的名字，他就直接用自己的中间名："我叫库马尔，您可以叫我'肯'。"

肯的英文谐音词意思是"能"，他觉得好听多了。

不是"苏懒得"，是"肯"。

不是"投降"，是"能干"。

如今，他用"肯"这个名字已经快五十年了。

爸爸给妹妹和我取名"妮娜""尼尔"，也是因为便于书写、发音，很方便。当然了，他也很喜欢我的叔叔姑姑们给自己孩子取的名字，这些孩子也在多伦多附近长大，大都用的是好听的印度名字，像阿贾（Ajai）、拉杰夫（Rajeev）、拉杰什（Rajash）、尼尚特（Nishant）、维尼塔（Vinita）、曼朱（Manju）。

但爸爸想要融入。

他希望我们融入。

---

① 同事把作者爸爸的名字念成了英文里的 surrender 一词，这个词的意思是"投降，屈服"。

因此他没有选择印度名字。

为什么？

因为本土名字叫起来比较方便。

学者布琳·布朗称我们是有史以来"界限最分明"的一代人。界限分明，是指我们有不同的价值体系、理念和归属。如果不赞同某一观念，那就是反对。界限如此分明！敌意如此强烈。

爸爸这种凡事尽量方便他人的行事方式十分慷慨大度。这么做不等于抛弃自己的价值观、背叛传统，或者随意改变自己的道德准则。不，这么做并非放弃自己所珍视的东西。只不过是当你能顺手方便他人时……行举手之劳而已。

1
简单行事自有魔力

爸爸在一条沙土小街上的一座小板房里长大，和三个兄弟、一个姐姐共用一个小房间。爸爸3岁那年，他母亲就过世了，一家人的生活忽然难以为继。

爸爸的父亲在家附近的阿姆利则经营一家胜家缝纫机①（Singer Sewing Co.）店，因此只得由爸爸年迈的祖母照看爸爸和其他兄弟姐妹，几个孩子从小就学会了节衣缩食、照顾彼此，一晃就是二十年。爸爸有一个姐姐，名叫斯薇黛丝（Swedesh）。而他们四兄弟叫什么名字？维贾伊（Vijay）、拉文德尔（Ravinder）、贾汀德（Jatinder）和苏林德（Surinder）。

这是真的！

这种东西可编不出来。

功课很重要，数学是爸爸的长项。在石板上演算乘法表和

---

① 胜家缝纫机是一家世界知名的美国缝纫机品牌，最初创立于1851年，产品销售至世界各地。

代数，阅读作业是狄更斯的《匹克威克外传》（*The Pickwick Papers*），体育课就是绕着满是石子和野草的小操场跑圈。

每天晚上，爸爸都会在他父亲的缝纫机店里帮工好几个小时，在里间洗熨衣服，为的是使祖父腾出手在柜台招呼。

时至今日，我偶尔在父母家小住时，爸爸仍会坚持为我熨衣服。清晨六点，我迷迷糊糊去卫生间时，总能看见爸爸在楼上门厅忙碌的身影，帮我熨好上班要穿的衬衫。

这一幕总能使我露出微笑。

爸爸小时候的照片我只见过一张，是一张模糊的黑白照片，他和哥哥站在一辆自行车旁。

长袜子，扁平的五官，梳得整整齐齐的头发，只是一张照片，却也能看出简单童年蕴藏着远大理想。爸爸很喜欢数学，最终他抛弃了狄更斯，东拼西凑筹了学费，晚上做家教，五年来每天骑车往返德里大学，直到1966年拿到核物理学硕士学位。大学毕业后，爸爸申请移民加拿大，获得了批准。

我问他为何申请加拿大移民，他说："我查了一下全球最宜居的地方，排名最靠前的是北欧国家，但不接受移民。接下来就是加拿大和美国，所以我就申请了这两个国家。然后先收到了加拿大的批准信。"

就像高中生申请大学一样。

爸爸的后半辈子和我的一辈子之所以会在加拿大展开，只是因为他先收到了加拿大的批准信。

你人生中有多少重大决定是由收到答复的先后顺序所决定的？

如果你现在看手机的话，应该有至少三个社交媒体应用出现了新消息提示，要吸引你的注意力吧。如今，我们周遭有无穷无尽的干扰。更别说回家路上去超市买个东西，都要从 23 种牙膏和 14 种厕纸里面挑选。

简单行事，自有魔力。

会更方便。

不用像每天每次决策时那样，不停地思考。

不如这样：

收到了第一封移民批准信？

就搬去那里度过余生吧。

2
责任不在他人，而在你

提倡简单决策的并非只有我。

之前提过的哈佛大学教授丹尼尔·吉尔伯特称之为"毫无选择所带来的意外之喜"。他发现，那些我们认为更好的决定，往往是那些毫无选择的决定。要是有选择呢？那就很容易怀疑自己的决定，怀疑、迷惑，各种"假如"的想法就会浮现。《选择的悖论》（*The Paradox of Choice*）一书的作者巴里·施瓦茨（Barry Schwartz）同样发现"尽管相较其他群体，当代美国人拥有更多选择，按说也意味着拥有更多自由和自主权，但这似乎没给我们带来多少心理上的益处"。

你在哪些决定上容易想太多？

我理解，大家都想选到更好的东西。要选到力所能及最好的！一定要选到。最好的对象！最好的派对！最好的学校！最好的住房！

但如果觉得两个选择都行……那就任选一个吧。

告诉自己，别无选择。

永远不要为此停滞。

爸爸当时觉得移民加拿大或美国都可以，然后加拿大的批准信先寄到了。

所以他就来到了多伦多，兜里只有 8 美元，那是他头几天的花销。

爸爸在当地找了份工作，成了那个学区首位高中物理老师。"物理是科学之王。"他会笑着说。他的样子也像物理学家：黑卷发，厚厚长长的鬓角，大方框眼镜。我有时候觉得他简直是印度版的爱因斯坦。

爸爸一直蓄着长鬓角和络腮胡。他是我认识的人里最不在意时尚的了。20 世纪 90 年代热播电视剧《飞跃比弗利》（*Beverly Hills 90210*）里的演员杰森·普雷斯利（Jason Priestley）和卢克·佩里（Luke Perry）使长鬓角再度流行，一夜之间，但凡能长胡子的高中生全都开始蓄络腮胡。爸爸那时候剃胡子了吗？没有，那年他刚好借机时尚了一把。

爸爸总按规矩办事。他是那种永远遵守交通规则的人，按限速开车，走该走的车道，周围不时有人超车。除了他，没人遵守限速。

我们小时候总笑他，请他开快点，他会说："早到五分钟，又能怎么样呢？"他情愿提早五分钟出门，路上遵守限速。

爸爸是那种会告诉收银员"你多找了我 25 美分"的人。

也因为太实诚，他玩桌游总是输。

我家特别喜欢一起玩桌游，但爸爸从来抓不住窍门。他玩得最烂的就是"大富翁"（Monopoly）①。掷骰子，移步数，这些他都会，却从来赢不了。为什么？因为如果他到了你的地皮，而你忘了向他收租金，他就会告诉你。

他会准备好 20 美元，自豪地递给你，仿佛在说："谢谢你！谢谢你让我借住你在波罗的海大街上那栋漂亮的绿房子。"

"爸，"我们摇着头说，"我们要是忘了收租，你也别提醒我们啊。这样你才能攒更多钱！这样才能赢！"

但是他不开窍。

他会说："如果我走到你们的地皮，那就该给你们租金，这样你们到了我的地盘也会给我租金，大家都开心，比你们那样骗来骗去好多了。"

爸爸是想教我们道理。

他总想着教我们道理。

因为他的本职工作就是老师。

有时我会把数学和物理课本带回家，作业里遇到不会的题

---

① 大富翁（Monopoly）是一种多人策略图版游戏，源自美国。参赛者分得游戏资金，凭运气（掷骰子）和交易策略买地、建楼以赚取租金。

目时，爸爸就会拿一把椅子坐在旁边教我。要是我没听懂，他会再讲一遍，只不过换一种讲法。要是我还不懂，他就再换一种方法，可能还会再换，用不同的方式和思路一遍遍讲给我听，直到我终于听懂为止，如同他教过的千百个学生。

他从不停下脚步。

他就像那种玩具回力车，往后拉一点，就能往前走，如果撞到墙就换一条路。

有点意思。

如今的时代，如果有人不理解我们，我们就会表现出不耐烦、沮丧或惊讶的情绪。我们会重复，会吼叫，会捶桌子！顶多也就是说慢点。遇到这种情况，如果解释问题的人不只是重复，而是换一种说法，那你就知道这个人的视角与众不同。这个人觉得，不是你不明白，而是这件事不容易明白。于是，责任就转到了解释问题的人身上。

我知道，自己该记得，要是别人不明白我说的话，责任不在他们，而在我。

这才是真正的同理心。

爸爸从不提高嗓门或者表现出不耐烦，从不会让对方感觉自己跟不上、很笨。他只是不断调整解释方式，直到对方听懂。

某种意义上而言，我们所做的一切都是在用新的方式看待、学习、尝试事物。

除了永不停歇外，爸爸也认为没什么知识是"超纲"的。我3岁时，他就给我解释什么是抵押贷款利率；我4岁时，他给我讲人寿保险。而且我清楚地记得，我五六岁时就问他股市是什么，报纸上那一栏栏小字很令我着迷。和往常一样，爸爸觉得这是学习的好机会，特意为我设计了一个小游戏。

"你喜欢什么？"他问我。

"嗯，可乐！"我回答。

"好，"他说，"你看这里，看到报纸上KO① 这只股票了吗，这就是可口可乐的股票。现在的股价是50美元，也就是说，花50美元就能买到一份可口可乐的股票，有了股票就意味着可口可乐公司有一小部分是你的。你想买吗？"

我当然想啦！我有一小笔存款，就把这笔钱给了爸爸，他帮我买了几股可口可乐。

爸爸和我买了一大块广告板，画了一张可口可乐股票行情的曲线图，纵轴是股价，横轴是日期。他教我如何每天查询股价，我就每天追踪我的股票价格。看到股价一直涨，我简直难以置信。爸爸使我认识到，钱如果投对了地方就能继续生钱，太有意思啦。

还有就是，永远别低估糖水的需求量。

---

① 可口可乐公司在纽约证券交易所的代码是KO。

3
每次交流都是机会

爸爸也认为，生活中处处都是交流的机会，而他也练就了向陌生人学习的本领。

我记得很多次和爸爸一起排队的场景，比如一起去银行，或者等着换机油。那时要排队的地方比现在多，等得也更久。无论排什么队，爸爸总能和身边不管什么人搭讪，像是要帮他们摆脱等待时的无聊状态。他会把银行柜员逗得哈哈大笑，或者花三分钟和服务生聊聊本地的体育比赛。你要是想聊股票，爸爸就跟你聊股票。你要是想聊电影，爸爸就跟你聊电影。你要是想聊撒切尔夫人（Margaret Thatcher）①、汽车保养或者黄金价格，爸爸也都能聊。

爸爸总能迅速找到自己与陌生人之间的关联。他一般都会猜一下，问对方："攒钱上大学呢？"或者"等孩子呢？"什么

---

① 玛格丽特·撒切尔，英国第 49 任英国首相，1979—1990 年在任，是英国首位女首相。

情况都有。如果对方愿意回应，就会有一轮又一轮对话。我看着爸爸一次一次，年复一年，把这些关联变成一个个小小的美好瞬间，激发出人性最好的一面。

如今，我十分热衷的一个项目就是我的播客《三本书》。能和偶像聊读书！我和朱迪·布鲁姆①（Judy Blume）聊为何书中需要更多性场景；和米奇·阿尔博姆②（Mitch Albom）聊找到人生意义和目的后什么才重要；和大卫·赛德瑞斯③（David Sedaris）聊总想拥有更多，这一深层欲望背后的动因。和偶像对话按说会紧张，也的确紧张！但每次坐下来准备开始时，我都感觉没那么紧张了，因为看爸爸与陌生人搭讪好歹看了几十年。

我也看着爸爸因为时时活跃的好奇心而不断分享小众信息，并与他人交换信息，这也是他喜欢的一个小游戏，仿佛是在交换一种信任。他看到身边许多行业的小算盘、无处不在的经济现象，总会不停地思考为什么、有多少，以及能否这么做？

因此，他会问餐馆老板娘："这么一家餐馆，租金大概多少，8美元一平方英尺④？我外甥女在街边租的是10美元一平方

---

① 朱迪·布鲁姆，当代美国作家，擅长儿童和青年小说，是首批在青少年小说中涉及禁忌话题（如自慰、月经、青少年性行为、避孕、死亡）的作家之一。

② 米奇·阿尔博姆，当代美国作家，代表作有《相约星期二》等。

③ 大卫·赛德瑞斯，美国著名幽默作家、编剧和脱口秀主持人，《时代》周刊称他为"最幽默的人"。

④ 一平方英尺约等于0.09平方米。

英尺，不过位置是在街角。"老板娘就会告诉爸爸租金是多少，爸爸就带着我计算。"你看天花板的瓷砖，每块是 2 米乘以 4 米。数数横纵分别有多少块。你数的是多少？对了，所以总面积是 1600 平方英尺。如果租金是 8 美元每平方英尺，那每年的租金大概是 1.3 万美元，对吗？"

他继续思考、计算，乐此不疲，而且简单的计算背后总有更重要的结论。"估计他们每天要招待 50 桌午饭才能赚钱。"他说，"那得做多少肉卷啊！真辛苦。换咱估计做不到。"

时时发问。

永不停歇。

4
唯有向前

爸爸只知道一个方向：向前。

我小时候会问他，我们会不会回印度，去看看他的远房二表哥、姨姥、姨姥爷之类的亲戚。

爸爸会说："你自己去吧。我去迈阿密坐游轮。"

爸爸喜欢的，是一边享用烤脆皮冰激凌蛋糕，一边透过舷窗望向波光粼粼的大海。他对印度的记忆是拥堵、污染和贫困。他不想回去，人不想——心也不想。

所以我们从没回过印度。

向前看。

他知道哪些事值得操心，哪些不值得。

他知道哪些事重要，哪些不重要。

他知道什么是最重要的——继续向前。

每当我艰难挣扎，每当我碰壁受挫，每当我被炒鱿鱼，每当我错失良机，每当我一觉醒来感觉还是一无所有、要从零开始……我都会想到爸爸和他信奉的唯一方向。

这是通往卓越途中要记住的最后一点：

一路向前，其实人生也只能向前。

所以，就开始向前走吧。

永远别停歇。

- 加个省略号
- 移开聚光灯
- 把当下看作一级台阶
- 给自己讲个不一样的故事
- 有失才有得
- 倾诉是疗愈的良方
- 选择小池塘
- 闭关
- 永不停歇

图书在版编目（CIP）数据

你其实很棒 / (加) 尼尔·帕斯理查
(Neil Pasricha) 著；刘露译. -- 南京：江苏凤凰文
艺出版社, 2021.7
书名原文：YOU ARE AWESOME
ISBN 978-7-5594-5722-6

Ⅰ.①你… Ⅱ.①尼… ②刘… Ⅲ.①成功心理 - 通
俗读物 Ⅳ.①B848.4-49

中国版本图书馆CIP数据核字(2021)第058134号

著作权合同登记号　图字：10-2021-169

你其实很棒

（加）尼尔·帕斯理查 (Neil Pasricha)　著　刘露 译

责任编辑　李龙姣
策　　划　孙文霞　刘文文
装帧设计　MM末末美书
　　　　　QQ:3218619296
出版发行　江苏凤凰文艺出版社
　　　　　南京市中央路 165 号，邮编：210009
网　　址　http://www.jswenyi.com
印　　刷　三河市宏图印务有限公司
开　　本　880 毫米 × 1230 毫米　1/32
印　　张　7.5
字　　数　130 千字
版　　次　2021 年 7 月第 1 版
印　　次　2021 年 7 月第 1 次印刷
书　　号　ISBN 978-7-5594-5722-6
定　　价　49.80 元

江苏凤凰文艺版图书凡印刷、装订错误，可向出版社调换，联系电话025-83280257